腾讯云TVP 数字化转型洞见

腾讯云TVP◎编著

人民邮电出版社
北京

图书在版编目（CIP）数据

腾讯云TVP数字化转型洞见 / 腾讯云TVP编著. -- 北京 : 人民邮电出版社, 2024.2
ISBN 978-7-115-62836-7

Ⅰ. ①腾… Ⅱ. ①腾… Ⅲ. ①数字技术－应用 Ⅳ. ①TP391.9

中国国家版本馆CIP数据核字(2023)第192625号

内容提要

本书基于金融、制造、教育、零售、能源、出行、地产等多个行业的数字化转型实践经验，为准备开展或正在开展数字化转型的企业提供全面的产业实践参考。全书共 7 篇，分别从产业互联网、企业转型实践、智慧赋能等角度切入。智慧金融篇主要介绍金融科技如何推动金融行业发展、银行数字化的方向与实践、金融数字化创新等内容；智能制造篇主要介绍工业互联网平台的建设与管理、工业数字化的开源协作、物联网技术发展等内容；智慧教育篇主要介绍教育的数字化与信息化、学科创新、产教融合等内容；智慧零售篇主要介绍零售行业数字化转型和商业增长实践；智慧能源篇主要介绍“双碳”背景下能源互联网的探索；智慧出行篇主要介绍人机共驾和车联网的发展；智慧地产篇主要介绍房地产企业与物业企业的数字化建设。

本书适合处于数字化转型困境或亟须数字化转型经验的企业领导者阅读，也适合想进一步了解数字化转型、对各行业数字化建设背后的技术需求感兴趣的相关从业者阅读，还适合正在研究行业数字化建设、希望获取多视角信息的数字化研究者阅读。

◆ 编　　著　腾讯云 TVP
责任编辑　孙喆思
责任印制　王　郁　马振武
◆ 人民邮电出版社出版发行　　北京市丰台区成寿寺路 11 号
邮编　100164　　电子邮件　315@ptpress.com.cn
网址　https://www.ptpress.com.cn
固安县铭成印刷有限公司印刷
◆ 开本：720×960　1/16
印张：12　　　　2024 年 2 月第 1 版
字数：139 千字　　　　2024 年 2 月河北第 1 次印刷

定价：66.00 元

读者服务热线：(010)81055410　印装质量热线：(010)81055316
反盗版热线：(010)81055315
广告经营许可证：京东市监广登字 20170147 号

前 言

数字化浪潮风起云涌，以云、大数据以及人工智能（AI）为代表的新一代数字技术方兴未艾，势不可挡。身处这个时代的企业，只有不断地适应新的技术趋势，才能在激烈的市场竞争中脱颖而出。

如何借助新一代数字技术真正提升企业综合竞争力，成为企业管理者们关注的焦点。借这本书，我来谈一谈对数字化的一些心得体会。

首先，企业数字化转型是一个持续不断的过程，需要自上而下且坚定的投入。以腾讯自身来说，腾讯的数字化转型一开始也经历了诸多困难和挑战。从2018年开始，腾讯坚定地在公司内部正式启动“自研上云”战略。经过多年努力，目前我们已经把腾讯内部所有业务“搬上云端”，全面开启了业务云端生长的新时代。

其次，数字化的本质是变革和创新的系统工程。从传统信息化到数字化转型，企业通过数据的有序流动、资源的开放共享，推动技术、产品、管理模式不断升级。作为一家数字科技公司，腾讯云一直以“数字化助手”为角色定位，致力于为各行各业数字化转型提供助力。过去十年，我们开发了超过400款企业级产品，携手1万多家合作伙伴，服务了超200万家企业客户。

另外，2023年以来，以大模型为代表的生成式人工智能技术，正在全球范围内掀起新一轮变革浪潮。大模型技术与行业场景的深度融合，将重塑企业原有的产品形态、服务模式甚至商业模式。不久前，腾讯正式对外推出腾讯混元大模型，作为实用级的通用大模型，腾讯混元大模型已经接入内部180个业务，并在外部零售、教育、金融、医疗、传媒、交通、政务等行业加速落地，取得了积极的效果。

本书正是基于这样的背景撰写的。本书精选了当今企业数字化转型中极为典型的行业应用，涵盖金融、制造、教育、零售、能源、出行、地产等重点领域，从这些行业的数字化实践现状切入，以各行各业专家多年的真实实践经验为基础，全方位、多角度、深层次地剖析不同行业数字化建设的要点、痛点与难点，希望为读者勾勒出一幅国内数字化建设的全景图，为企业数字化建设提供全新视角。

最后，我要感谢本书的作者们，他们或是在行业研究机构钻研多年，从顶层设计上构建了行业数字化建设的宏观规划；或是在头部企业从业数载，从零开始牵头打造了各自企业的数字化架构，他们的研究和实践经验为本书提供了极具价值的内容。

我也要感谢读者们的支持和关注，希望本书能够为你们带来帮助。让我们一起探索数字化的未来，创造更美好的明天！

邱跃鹏

腾讯公司副总裁、腾讯云与智慧产业事业群 COO 兼腾讯云总裁

资源与支持

资源获取

本书提供如下资源：

- 本书思维导图；
- 异步社区 7 天 VIP 会员。

要获得以上资源，您可以扫描下方二维码，根据指引领取。

提交勘误

作者和编辑尽最大努力来确保书中内容的准确性，但难免会存在疏漏。欢迎您将发现的问题反馈给我们，帮助我们提升图书的质量。

当您发现错误时，请登录异步社区（https://www.epubit.com），按书名搜索，进入本书页面，点击“发表勘误”，输入勘误信息，点击“提交勘误”按钮即可（见下页图）。本书的作者和编辑会对您提交的勘误进行审核，确认并接受后，您将获赠异步社区的 100 积分。积分可用于在异步社区兑换优惠券、样书或奖品。

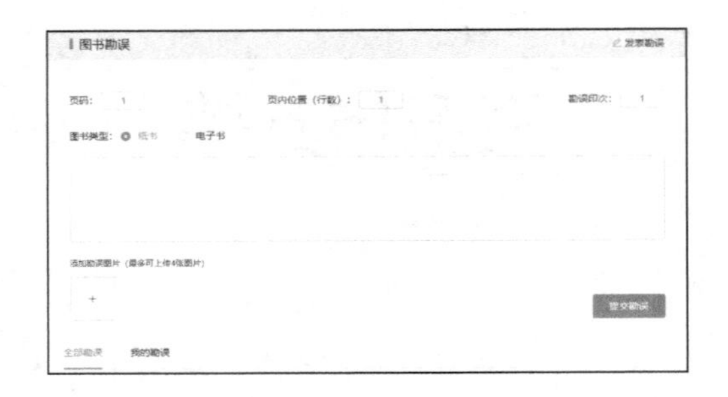

与我们联系

我们的联系邮箱是 contact@epubit.com.cn。

如果您对本书有任何疑问或建议，请您发邮件给我们，并请在邮件标题中注明本书书名，以便我们更高效地做出反馈。

如果您有兴趣出版图书、录制教学视频，或者参与图书翻译、技术审校等工作，可以发邮件给本书的责任编辑（sunzhesi@ptpress.com.cn）。

如果您所在的学校、培训机构或企业，想批量购买本书或异步社区出版的其他图书，也可以发邮件给我们。

如果您在网上发现有针对异步社区出品图书的各种形式的盗版行为，包括对图书全部或部分内容的非授权传播，请您将怀疑有侵权行为的链接发邮件给我们。您的这一举动是对作者权益的保护，也是我们持续为您提供有价值的内容的动力之源。

关于异步社区和异步图书

“异步社区”(www.epubit.com) 是由人民邮电出版社创办的 IT 专业图书社区，于 2015 年 8 月上线运营，致力于优质内容的出版和分享，为读者提供高品质的学习内容，为作译者提供专业的出版服务，实现作者与读者在线交流互动，以及传统出版与数字出版的融合发展。

“异步图书”是异步社区策划出版的精品 IT 图书的品牌，依托于人民邮电出版社在计算机图书领域 40 余年的发展与积淀。异步图书面向 IT 行业以及各行业使用相关技术的用户。

目 录

第一篇　智慧金融篇

自人类社会发展起，金融业务就与所有人的生产和生活息息相关。千百年来，金融机构的形式不断演变，但其本质始终没有发生根本性的转变。近年来，随着互联网及金融科技公司的崛起，信息壁垒被打破，大数据和金融科技正逐步颠覆金融行业过往的业务模式。银行、资产管理等细分领域在产品更新迭代、客户体验优化等方面亟待优化，大数据、人工智能等技术赋能的新业务模式成了银行数字化的必由之路。

本篇将从金融科技的发展历史出发，逐步分析未来金融行业数字化的发展规划，介绍如何有效改革组织架构、推动金融科技战略落地；如何充分利用新型技术红利，做好符合金融行业自身发展特征的数字化转型。系统、完善的数字化转型推动工作将会给银行带来更加开放的业务结构、运营系统、服务模式与智能化业务场景。

第1章 金融与产业互联网

本章将从金融行业数字化历程及银行业本质出发，通过政策要求、行业现状、数字化趋势等多个角度，以宏观视角挖掘金融行业数字化的深层内涵。

↘ 守正创新——金融科技迈入2.0阶段

国家工程实验室金融大数据研究中心秘书长、腾讯云TVP行业大使 王超

金融科技自2014年迎来爆发期，经过多年发展，目前迈入了2.0阶段。在这个过程中，虽然金融科技的发展走过一些弯路，但是整体还是在稳步向前推进中，尤其是在《金融科技发展规划（2022—2025年）》出台后，金融科技已经迈入2.0阶段。在新的时代背景下，我们应该做好以下工作。

金融科技发展实况与行业现状

我国金融科技已经迈入2.0阶段，金融科技的发展主要来源于金融服务需求、金融服务供给和金融风险控制3个方面。金融科技发展一方面内在诉求在不断生长，中小微企业融资、供给侧结构性改革、碳达峰和碳中和、乡村振兴、专精特新等国家政策落实过程中对金融科技有需求；另一方面面临各细分领域独有的痛点，金融服务发展不均衡，县域以下金融服务短缺、金融抑制与金融脱媒。

金融基础设施面临发展挑战，新技术发展应用与安全。金融是驱动科技发展的重要场景，也是很重要的支撑科技的工具。回顾金融科技发展的过程，金融科技发展是一个逐步去伪存真、守正创新的过程。从2015年至今，金融科

技逐渐规范化，相关法律法规的制定与完善推动了金融科技的发展，也把金融科技中最核心、最本质的技术能力保留了下来，被传统的金融机构消化、吸收，金融行业真正迈入了金融科技的 2.0 阶段。

当前金融科技的产业生态圈主要有以下三大主体。

- 金融科技市场主体，包括手握大量金融资源的传统金融机构，提供信息技术（information technology，IT）、营销和风控等方面服务的金融科技公司，纯广告营销、软硬件开发等方向的科技互联网公司。
- 金融科技监管机构，包括金融监管机构、科技监管机构和地方金融监管机构。
- 金融科技服务机构，包括金融科技投融资机构、金融科技孵化机构和金融科技人才服务机构。

金融科技迈入 2.0 阶段后发生了许多变化。值得一提的是，金融机构在科技层面的投入飞速增长。2021 年，银行在 IT 上的投入超 2300 亿元（数据来源于国泰证券《2022 年银行 IT 行业研究银行 IT 入持续增长，带动解决方案市场》），保险行业在 IT 上的投入达 354.8 亿元（数据来源于华经产业研究院《2022 年中国保险 IT 行业分析，国内市场将进一步打开》），证券行业在 IT 上的投入达 303.55 亿元（中证协）。另外，金融科技公司在互联网金融服务方面的收入也保持着快速的增长势头，这些都是金融科技在发展创新过程中的直观体现。

科技推动金融行业发展

当下金融科技的新一代信息技术简称“ABCDI”，即人工智能（A）、区块链（B）、云计算（C）、大数据（D）和物联网（I）5 个核心技术方向，金融科技的技术大体上是围绕这几个技术在做组合应用。

- 人工智能（artificial intelligence，AI）。金融的核心是风控。在人工智能技术应用之前，风控的核心是专家规则和评分卡模型。人工智能普及后带来的大数据分析，目前正在重构全领域的金融风控核心。
- 区块链（blockchain）。它是一个共享数据库，具有不可伪造、全程留痕、可以追溯、公开透明、集体维护等特征。它不仅奠定了坚实的信任基础，而且创造了新时代的生产关系。

- 云计算（cloud computing）。它是提供计算、存储、网络资源的基础设施，使用者可以随时获取“云”上的资源，按需求量使用，无限扩展，按使用量付费。
- 大数据（big data）。2019 年，我国数字经济规模占国内生产总值的比重达到 1/3，数据资源是被视为“新时代的石油”，而大数据就是“燃料”技术。
- 物联网（internet of things，IoT）。它通过射频识别、红外感应器、全球定位系统、激光扫描器等信息传感设备，把所有物品与互联网相连接，以实现对物品的智能化识别、定位、跟踪、监控和管理的网络。

如果对金融科技领域的技术做一个简易的分层，可以参照云计算的划分方法，将其划分为底层的 IaaS（Infrastructure as a Service，基础设施即服务）层、中间的 PaaS（Platform as a Service，平台即服务）和 DaaS（Data as a Service，数据即服务）层以及顶层的 SaaS（Software as a Service，软件即服务）层。

- 在 IaaS 层，大部分金融机构会选择私有云，小部分金融机构会选择行业云。目前可能只有证券机构、保险机构，以及一些地方金融机构涉及使用公有云性质的金融云，因为金融机构对数据安全的保护力度是非常强的，而且金融行业内默认的规则是数据不出“行”。
- 在 PaaS 层和 DaaS 层，银行和企业正围绕着各种中台（如数据中台、人工智能中台、技术中台、应用中台等）进行大量应用。许多行业的金融科技公司也致力于提供数据中台的建设服务，以及数据相关的服务。
- 在 SaaS 层，大型银行，包括股份制银行，在小程序、App 和 PC 端上的技术都有了很大的进步，如招行信用卡、银联云闪付等相关的 App 在技术上都有不小的突破。金融行业向互联网行业进行了非常深入的学习，而且大量互联网行业的人才已经进入金融机构。

金融科技的典型技术案例体现了非常丰富的技术方向。

- 人工智能。机器学习算法在股票市场预测、风险评估和预警、交易反欺诈等场景有着广泛应用，知识图谱在挖掘潜在客户、预警潜在风险方面具备领先优势，计算机视觉在身份验证和移动支付等环节备受追捧。

- 大数据。金融机构的数据中台基本都已构建完成，在数据接入、数据存储、数据计算、数据分析等方面有较多案例。
- 金融云信创。金融信创一期、二期试点效果明显，已开始在存量机构全面推广。
- 区块链。比较有代表性的案例是中国人民银行的数字人民币。此外，区块链构建了一个去中心化的信任基础网络，依托此网络的区块链存证、数据隐私互联等技术对产业金融的发展起到了重要的促进作用。
- 联邦学习。相比传统方式，联邦学习的技术带来了更加严密的隐私防护，在数据使用的安全合规方面提供了极大便利。
- 机器人流程自动化（robotic process automation，RPA）。RPA 大幅提升了工作效率，例如，客户经理将大量财务报表上的数百项信息录入相应的企业金融系统的全流程可从 4 小时减少至 10 分钟内。

金融科技的典型场景

在介绍完金融科技的核心技术后，下面我们结合实践介绍一下金融科技的典型场景。

- 数据中台建立。数据中台为数据获取、数据存储、数据分析、数据安全保护等提供了功能齐全的中台能力，为技术研发、产品开发、业务合规、日常运营、运维及职能机构建设等提供了有力的支持，以帮助企业领导者做出正确决策。
- 数智化运营。通过用户画像、数据分析建模，进行精准的投放，从而提升营销中各环节的转化率，也提升了用户体验。很多银行要求数据不出行，那么它就不能像互联网企业那样快速获取标签用户的数据。我们会尝试用隐私计算或者数据交换的方式来保证既能实现精准营销、精准运营的目的，又能实现数据不被第三方获取。
- 大数据风控。从建立底层标签库起，层层往上搭建模型，最后通过决策引擎落地的方式，助力业务合规。

此外，在数字货币、小微金融、产业金融、政策金融、金融监管、智慧网点等方面，也有日渐成熟的金融科技的场景化实践案例。这些金融场景的发展都离不开大数据风控。

金融科技迎来新发展

2022年，中国人民银行印发了《金融科技发展规划（2022—2025年）》，其中提到了健全金融科技治理、充分释放数据要素潜能、打造新型数字基础设施、深化关键核心技术应用、激活数字化经营新动能、加快金融服务智慧再造、加强金融科技审慎监管、夯实可持续化发展基础等8项重点任务。我们以此为背景，一起来分析金融科技可能会涉及的场景，共探"金融科技新时代"下的新机遇。

- 金融数字化转型咨询与服务。金融数字化转型的方式、方法，企业架构如何构建，数据的采集、分析、治理如何完善，信息技术如何创新等关键方向，无一不需要大量的咨询与服务来支撑。
- 人才培养。金融企业纷纷成立科技子公司，在深化数字化转型的过程中，供给侧的高素质人员缺位非常严重，行业对人才培养的呼声日趋高涨。
- 金融云信创。《金融科技发展规划（2022—2025年）》等政策的制定为国内的云信创企业带来了更多机会，不管是对于原来已经进入信创目录的一些企业，还是对于即将进入的企业。都提供了一些政策依据，金融信创的适配正在进行。
- 金融科技的运营与风控、监管合规。这也是经典的机遇方向。随着网络安全法律法规日趋健全，金融科技领域的数据治理与安全也将迎来更多的机遇和发展。例如，对于金融科技伦理等相关的管理，包括对消费者的保护，都需要建立监管系统。金融机构合规系统建立的过程将会引发大量的金融科技需求。
- 金融数据的治理和整体数据安全。在这方面，数据的管理和标准如何建设、如何搭建平台、如何既保证数据安全又保证数据应用这些课题也将迎来非常大的机遇和发展。

小结

本节从金融科技的背景角度，分析了金融科技发展实况与行业现状；从技术的角度，介绍了科技如何推动金融行业的发展；从金融本身的业务场景出发，阐述了金融科技的典型场景是如何用一些相关的技术去推进其发展的；最后聚焦于金融科技面临的机遇。

↘ 数字科技重塑金融行业

北京天润聚粮咨询服务有限公司执行董事总经理、
腾讯云 TVP 行业大使　付晓岩

对于很多企业，如何正确区分信息化与数字化是需要在进行数字化变革前搞清楚的问题。只有明确了变革方向，才能高效地制定改革路径。这点其实可以很简单地通过内外部两个方面的特征来进行理解。就企业边界而言，信息化或数字化，对内就是提升核心业务的处理效率，对外就是更新与客户之间的连接方式和连接形态。这种连接形态的转变，其实就是在间接改变企业的业务模式。因此，数字化与信息化之间的跳跃并不像从农业时代到工业时代那样巨大，因为数字化发展所依靠的正是信息化奠定的基础，从这个角度看，数字化是信息化的“第二曲线”，所以二者虽有区别又有很强的承继关系，不能截然对立地看待二者。

很多人经常说金融的本质好几千年也不变，核心的金融服务逻辑很长时间都不会变。那么变的是什么呢？金融机构给客户提供服务的方式一直在变。随着技术手段的变化，曾经排长队的柜台服务如今很大一部分已经变为了网上服务，将来还可能会以更加酷炫的方式来转变，即服务模式是一直在变的。

商业银行的数字化历程

20 世纪 60 年代 IBM 推出大型机，银行是率先使用它的行业。之后，在 1987 年，中国人民银行就开始带领银行业使用计算机去建立现代化的支付体系。从 1987 年到 2010 年这 20 多年的时间里，银行在数字化方面一直是比较领先的行业，而且一直做得很稳，有它自己的节奏和主动性。

从以前的信息化来看，现代银行体系对经济发展的最大的两个贡献是把“融”和“通”这两件事做好了。“融”是指需要大量的货币，货币（钱）少了经济是发展不起来的，所以现代银行体系不再采用金本位制，这样才能够保证货币供给量的充足。但是，货币供给量大了就涉及支付（即“通”）的问题，在不同的省份以及不同的国家（或地区）之间，资金要能流动。只有“融”与“通”这两点保障了，银行对经济的支撑作用才能发挥出来。这部分正是通过现代金融信息化来实现的。

2010 年后，移动互联网的到来、智能手机的普及和网速的提升，使娱乐、教育、物流等行业都被拉入移动互联网体系。此时，面对生产、生活网络的迁移，金融移动服务的建设进程也被迫加速。这对当时的银行数字化建设来说，是不小的冲击。但好在银行为了适应这种情况，努力推动手机银行和开放银行，把大部分业务都移动化，部分业务实现应用程序接口（application program interface，API），与各个行业对接起来，才能让金融服务跟上业态的变化。

银行的数字化做了这么久，也在紧跟时代的步伐，那么，金融科技建设的未来在哪儿？如何判断数字化转型的结果？基于之前的分析，衡量的标准是要让每个受众、每个银行的客户都切实地感受到技术带来的转变。如果老百姓感觉不到生活、生产方式有什么变化，那么又如何去解释时代变了呢？对生活在数字时代的人而言，数字化转型意味着大范围的变化——整个顶层设计的变化、企业管理模式的变化、生产和生活方式的变化、人们思维和行为习惯的变化等，是一种全方位的变化。时代变了会影响时代里的每个人，而不只是做技术的那一拨儿人。如果数字化时代是一个新时代的话，一定会带给我们跟今天完全不一样的生产和生活体验。

数字时代就是以客户为中心建立“包围圈”，这个圈围得越紧密越好，如图 1-1 所示。通过内圈的诸如智能眼镜之类的增强现实（augmented reality，AR）/ 虚拟现实（virtual reality，VR）等智能设备提升用户体验，再通过外圈的数字孪生、智慧城市等提供算力支持。在全真互联时代，综合设计、统筹规划内外圈才能更好地获取用户。

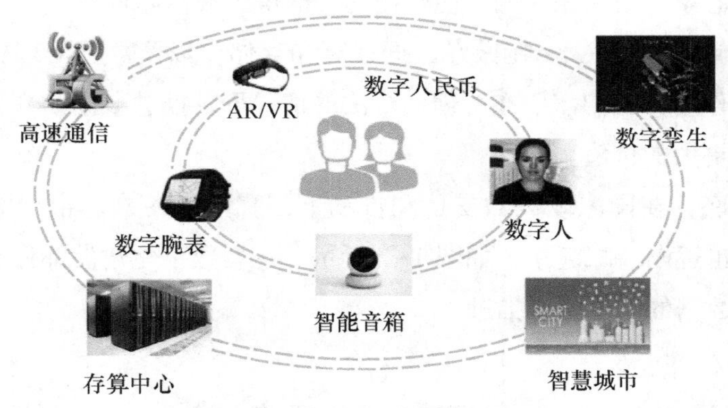

图 1-1　以客户为中心的“包围圈”

银行数字化建设重点方向

综合以上的判断，可以看出，银行未来的数字化建设还具备非常大的潜力，这也将是一个漫长的过程，无法一蹴而就。那么，现阶段银行的数字化转型应该从哪些方面着手呢？这需要谨慎、冷静地看待。

单纯从技术上是无法评估银行的数字化效果的。例如，近年来，很多中小银行数字化的首选就是做移动金融，因为这决定其在特殊时期业务是否还能顺利开展，但如果只奔着这个目的去做数字化，效果可能无法得到保证，也很难具备长期性。

同时，国家对银行数字化转型提出的要求是“稳妥发展”。从社会的角度来看，银行业对“安全性”和“流动性”的要求通常是要高于对“盈利性”的要求，所以银行在做转型方向的选择时，一定要慎之又慎。那么现在来看银行的数字化转型“底盘”能力主要是以下几点。

- 数据采集。近年来，互联网的发展证明了，对企业而言，数据就是一种无形资产。对数据的把握和应用，将是未来企业发展的重中之重。因而，大规模的数据采集能力建设就是银行数字化建设的关键。
- 数据计算和存储。原始数据采集后，不进行加工同样没有任何意义。大规模的数据计算和存储曾经是比较困难的，但近年来，我们可以从国家的规划中看到超大型数据中心的建设。这将把原先各个企业的小微型数据中心整合成一张大网，使数据的价值得到成倍体现。

- 数据共享（交换）。在做好数据计算和存储，以及数据治理、隐私保护等工作后，我们需要在合理、合法的情况下，推进数据共享，为全社会创造更大的价值。

归根结底，在国家政策的支持和推动下，我国正在构建银行的数字化底盘，其轮廓也逐渐清晰起来，如图 1–2 所示。一切数字化建设都将基于算力的提升，围绕数据的应用稳步推进。

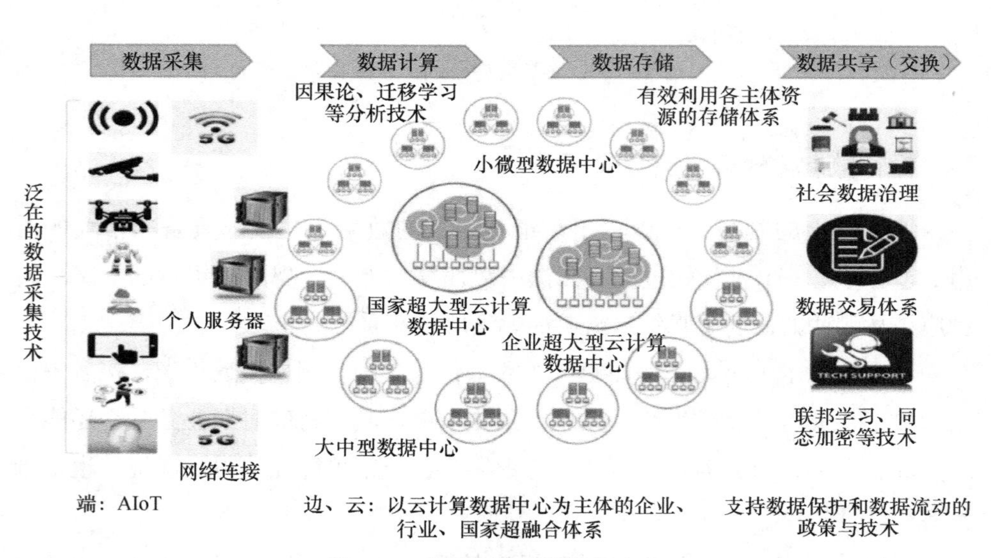

图 1–2 我国银行的数字化底盘

银行数字化落地要点

上述内容都基于宏观的思考，那么银行数字化转型应该如何落地呢？想要让客户有更好的银行数字化体验，主要应该注意以下 4 点。

- 次生需求。要进行数字化转型，首要就是做好客户体验，而做好客户体验的一个关键点在于跨界。构建跨界场景，要认真选择跨界方向，并决定投入什么资源。金融是次生需求，做场景建设必然会伴随一定的跨界，对这一点必须明确地认识到其风险与困难。
- 生态建设。如果银行凭借自身力量无法完成适度的跨界，那就可以考虑建立生态，以更好地融入别人的场景，通过建立技术生态、业务生态的方式来完成面向场景的数字化转型。

- 数字长跑。数字化转型是一场长跑，不要急躁，只要确保方向是对的就可以了。可以冷静下来看看政策和规划，仔细思考环境会发生什么变化，不疾不徐地进行转型。
- 关注自己。从目前的数字化远景来看，今天没有哪个企业是真正好的数字化企业。或许别人走得比较早，但大家其实都距离终点很远。这种时候，要优先关注自身的痛点，不要盲目模仿别人的方案。

除以上 4 点外，银行数字化有没有更行之有效的切入点呢？靠什么可以更敏捷地进行数字化转型呢？靠企业架构。通过企业架构进行落地的时候，我们可以把总战略分拆到每一个具体的业务活动上，同时在一个业务架构里面建立好业务和业务之间的衔接关系。业务理顺之后，技术实现自然会很顺畅。这就像下棋一样，每个棋子都是你的业务能力，在过去各个业务部分都是分隔开的，但我们可以通过企业架构将每个业务域联系起来，将业务组件构建成业务系统，从而更好地解决业务和技术的沟通和一体化问题。只有搭建起完备的企业架构，才能系统、整体地推动数字化转型升级。

数字化转型真正需要的时间大概在 15 ～ 20 年，这个时间窗口足够大型银行转型两次到三次。因此，及时地更新业务思维非常重要，银行必须认识到软件必将包围一切，企业必须驾驭软件，进而让自己的业务思维结构化，以匹配数字时代对人的基本能力要求。

从路径上来看，银行的转型架构设计应该采用自上而下的方式：首先定下战略转型的方向，然后通过架构转型调整结构，再细化到技术与业务两个层面上实行改进与融合。

理想的企业架构是从战略到实现可以被完整串接起来的。将业务架构部分描述的战略转化成能力与需求，再落实到每一个细分的业务活动中，并在细分的业务活动形成标准化的企业结构之后传导到 IT 上，与 IT 的实现映射起来，这一流程是在企业架构里面追求的理想，也是我们真正能够驾驭未来的结构。

技术发展到今天，没有哪个企业是终点级别的数字化企业，有些企业可能先走了一步，但是离终点还很远，任何企业都有机会去追、去超越。但追的过程中一定要注意，不是做某个成功者的复制品，而是要坚持做自己。数字化要解决的，始终都是自己的问题，你的痛点跟别人的不一样，用别人的方案就也没有任何意义。关注自身痛点，关注自身区域的变化，关注自己的方法，这样才能做出一些和别人不一样的、突破性的东西。

小结

本节从商业银行的数字化历程出发，以时代发展为脉络，剖析金融科技的技术突破；再结合当今银行业特点，探讨银行数字化转型的底盘能力与建设要点；最终落脚于企业架构驱动下的银行数字化转型建设。

↘ 数字化转型到底转什么

美国道富银行董事总经理、腾讯云 TVP 行业大使 李卓

近年来，数字化和数字化转型出现在我们的视野中的频率高了很多，不同的企业、机构、组织都在谈数字化转型。而对企业来说，客户、营商环境、监管要求、竞争对手的发展等因素，都在逼迫着企业快步进行转型。

随着科技的进步，数字化成了一个似乎有非常多机会和非常多可能的途径。但是不同的方法或不同的节奏，可能带来完全不同的结果，虽然是同样的“根”，但是会结出不一样的“果”。因此，在企业进行数字化转型之前，搞清楚为什么而转，才能更好地谈论应该如何转。

数字化转型的范畴

很多时候，我们会听到几个交叉使用的词，一是数据化，二是数字化转型，三是数字化业务转型，搞清楚三者的异同有利于我们更深入地理解数字化转型的内涵。

- 数据化（digitization）：把物理的对象或属性，转化为数字的形式。
- 数字化转型（digital transformation）：通过数字技术和数据对业务重新包装，改善、提升业务流程。

- 数字化业务转型（digital business transformation）：利用数字技术突破了原有的业务模式，实现流程再造。

这三者虽然经常交叉使用，但其实是一个层层递进的关系。如果不做第一步，再做后面是不可能的。而数字化转型最终的目的是，公司或者组织通过对外在的客户体验、内部的组织运营能力及自身商业模式的彻底改造，彻底重塑组织的工作方式。

重塑客户体验

数字化转型对于银行客户体验的重塑，最主要的一点在于触达客户方式的变化。随着数字科技的进步，银行触达客户的途径越来越多，也越来越丰富。首先，这非常有利于各个银行进行品牌宣传，其次，这也使银行能够非常便捷地向客户交付相应的产品及服务。

对企业而言，通过不同渠道触达到客户后，就能够采集到非常丰富的客户信息，而下一步的工作，就是培育或建设起自身强大的数据分析能力，以及利用好获取的数据，促成真正对客户和业务双向赋能的深刻转变。同时，还需要注意多端数据及业务的同步能力建设，避免信息传输中的错漏与延迟。

最后，随着企业对客户在价值链中的行为理解的日益加深，如果其本身有一个业务底座在的话，就有机会把自己变成一站式的入口，为客户提供一条龙服务。关注客户全生命周期，更好服务客户的同时，也给企业带来更多的可能性。

提升运营能力

对企业而言，数字化转型除了对外重塑客户体验，还应该对内提升企业的组织运营能力。在新时代下，企业是否具备随时随地开展工作的能力，是数字化能力的最好体现。在环境风险随时可能爆发的情况下未雨绸缪，拥有高效的数字化办公能力，是每个企业数字化建设的必由之路。

除了提升办公效率和降低场地限制，提升运营能力要解决的第二个问题就是实现全流程数字化。我们要考虑工作流程中有多少部分是可以被自动化的。我们应该通过数字化方式来减少运营中的摩擦，降低运营成本。

当企业数字化程度到了一定水平的时候，已经有能力去建立、采集非常多的运营中的工作效率数据。如何建立度量体系，依托数据更好地服务决策人员进行日常管理决策，这也是数字化转型能够给企业经营带来的一个重大转变。

最后一点是效率管理，当企业建立好一个有效的沟通协作平台的时候，哪怕在远程或纯数字分布式环境下，企业能够触达的人员、采集到的信息或交互的效率，都能够得到极大提升，这将有效地帮助企业进行管理决策。

转变商业模式

数字化转型的关键，其实不在数字化，数字化只是一种技术，转型的真正要点在于转变业务形态，而业务形态的转变重点在于以下 3 点。

- 扩展：原有业务的彻底升级，虽然卖出的东西不变，但是改造了交付的渠道和方式。
- 连接：建立更大的生态，形成平台级的经济或商业模式。
- 突破边界：创立全新的业务形态，基于全球化的业务、供应链、人才，搭建起全新的商业模式。

数字化能力建设

谈完了数字化转型会为企业带来的转变后，企业想要进行数字化，应该具备什么能力呢？其中有几个非常重要，一定需要具备的能力。

首先，企业是否具备数据的整合与分析能力。完成数据化第一步工作后，要打通所有的数据孤岛，将数据联系在一起，形成一个整合、协同的效应，然后去做有效的分析，形成企业自身的数据洞察。

其次，对技术团队而言，转型的过程中考查的不只是技术的好与坏。决定转型成败的关键在于，技术团队是否能够真正理解业务需求，有没有能力真正和业务做承接。同时，作为技术人员需要交付的一定是一套完整的解决方案，它可能涉及整个供应链条线中不同的角色或者玩家。

科技的挑战

在数字化转型的过程中，科技发挥的作用也是对应着业务形态的发展的。现在绝大多数机构都已经有一些数字化基础了，所以当企业开始做数字化转型的时候企业面对原来的系统会有一种“玻璃房子打老鼠”的感觉，动也不是，不动也不是。要改造，代价非常大；但不改造，好像有些事情确实做不下去。

对于这种情况，企业一定要有清晰的认知，建议：

- 即使只是维持一个系统“正常”运转，也是要花钱的，并且会越花越多；
- 所有的系统只要一直在运行，最后都会变成遗留系统；
- 遗留系统就是技术负债，应小心不能让债务利息吃掉所有利润；
- 遗留系统只能逐步升级和替换成新标准下的新平台，很难毕其功于一役。

此外，企业在进行系统建设和选型时，一定要区分核心业务和非核心业务。企业在决定系统建设立项及内部系统整合和盘点时，可以采用“日落原则”，即在评估系统是否要建的时候，要看原来的系统中是否有要复用的，对于能够复用的部分，启动一个就要关闭一个。数字化转型从不是一蹴而就的工作，金融行业的数字化建设还有很长的路要走。

小结

本节重点分析了数据化、数字化转型与数字化业务转型这三者的异同，并逐步深入介绍了企业数字化转型在客户体验、运营能力和商业模式 3 个方面为企业带来的转变与革新，最后介绍了企业数字化转型应具备的能力和面临的挑战。

↘ 银行业务转型与数据智能

Thoughtworks 首席金融数据科学家、腾讯云 TVP 行业大使　常国珍

当今，很多人都在谈数字化，却很少有文章能把数字化解释清楚。数字化时代的业务方式，与客户的连接都不像从前那样看得见、摸得着，而是通过数据、模型的分析与预测来推断、判定客户的情况。数字化时代的很多业务模式与客户关系更加抽象，反而没有之前的线下客户拜访、用户关怀那样做得实在。所以说，在很多方面，数字化未必做得比从前好，这仍是各个企业需要思

考如何去调整、适应的问题。

构建以客户为中心的商业模式

当下是消费者主权的时代，无论企业要从何种角度开启数字化转型，商业模式的核心是以客户体验为中心。该怎么理解以客户体验为中心的商业模式呢？从客户感知的角度来看，有以下5个方面。

- 建立场景。根据用户的社会属性、消费能力等维度，精准聚焦目标消费者的需求，发现有价值的使用场景，并重点突破。
- 扩大连接。无论最初的触点在哪里，都要实时与客户互动，为每个消费者提供连贯的、一致性的购物体验；同时与客户及外部合作伙伴建立广泛的连接，逐步实现生态系统各族群之间的联系。
- 产生洞察。基于唯一的客户ID整合客户数据，建立独立的客户画像；再利用大数据分析产生对客户特征、偏好、需求等维度的洞察。
- 产生影响。基于客户的特征、偏好和体验，提供有价值的产品和服务，树立差异化运营思路。
- 强化黏性。基于场景开发和完善产品的交互界面，丰富客户服务内容和频度，从而提高客户黏性，提升客户的终身价值。

不管是金融行业还是其他行业，其商业模式本质上都是以客户体验为中心。企业可以从以上5点入手，真正了解客户、服务客户，最终形成一个完整的客户全生命周期的闭环。

企业“智人”发展模式

在这样的背景下，金融行业的数据资产就成了创新的关键，它一方面可以倒逼传统业务主动进行建设、优化和整合，另一方面又可以促进创新应用，实现跨界、探索与融合。最终形成业务驱动、数据驱动、用户驱动的“三位一体”。同时，我们要注意企业数据的来源，现在很多人都在说开放式银行，但企业也不能太过于依赖外部的数据来源，数据依赖外部越多，核心价值就越容易被快速吸收。如果不内生发展的话，企业的存在只会越来越尴尬。

新的商业模式必然会带来新的IT要求。过去的IT部门更多的是成本中心，那时的 IT 部门大部分就是简单地做 ERP（Enterprise Resource Planning，企业资源计划）系统，把业务流程化。但很多企业的 ERP 上线之后，财务和 HR 会使用，其他的好像都不太会使用。原因何在？这不是产品的问题，也不是 IT 的问题，而是组织流程的问题，组织流程形式没变过。很多企业号称进行了业务流程转型，其实还是部门林立，这是假的流程改造。现阶段所说的数字化转型，可以打着数字化转型的旗号先把流程改造完成，一步一步来。不过，未来的企业在数字化转型的基础上是共治的，也就是说 IT 将来会是业务的合作伙伴。

过去我们称企业为法人，未来的企业我们或许可以称其为“智人”。理想状态下，它通过流程化进行数字化转型，最终也会像人一样进行自动决策。

EDIT 模型

简单来讲，数字化就是由业务上的探查，发现问题，然后进行诊断；诊断出问题后，筹划转型策略，在此过程中需要数字化的工具作为核心去支持流程的运营。

那么应该按照怎样的顺序来判断企业需要如何进行数字化呢？可以根据数字化的 EDIT 模型来分析。E 代表 exploration，即探索——通过全面的指标体系来帮助企业判断，找寻问题所在。

- D 代表 diagnosis，即诊断——通过性质分析法、数量分析法等方式进行科学、系统的问题诊断。
- I 代表 instruction，即指导——借助知识库、策略库、流程模板等筹划转型策略。
- T 代表 tool，即工具——数据模型、算法模型、优化模型等工具将更有效地帮助我们进行决策。

除了找到问题，数字化改造的过程是全员参与的，而不是很多人认为的由外聘 IT 专家或咨询公司来主导。数字化转型过程需要业务人员强介入甚至主导，分析人员、建模人员是辅助性质的，只会出现在工具层面上。

未来数字化愿景蓝图

基于以上的分析，我们提出了数字化蓝图：通过低摩擦运营模式、企业级平台战略、用户体验设计和数字化产品能力、智能驱动的决策机制、工程师文化和持续交付思维五大能力，构建起企业的指标资产、算法资产、标签资产与策略资产，实现深入的用户洞察、创新的数字化收益，并缩短企业的上市时间。最终真正构建一个智慧、敏捷、场景驱动的数字化新企业。

每家企业数字化的过程都有自身的特点，不是说大行要跟互联网公司比，小行要跟大行比，而是自己跟自己比，创造出有自己特点的业务，发展有自己特点的 IT 系统支持。思考如何减少运营的摩擦，如何构建起企业的平台级战略，以及如何增强自己的客户体验，这些做好了之后，再辅以技术能力的支持，才能最终实现企业数字化转型的目标。

小结

本节跳出银行视角，从企业客户服务角度出发，提出数字化转型最终都是要为客户服务，一定要以“客户体验”为中心，并创造性地提出了“企业的智人发展模式”及“EDIT”模型，以构建企业数字化建设新蓝图。

第 2 章　金融企业转型实践

本章将以银行及金融科技企业等金融企业的从业经验为基础，深入剖析现阶段银行数字化发展趋势及背后的金融科技的技术突破，并详细分析现阶段银行数字化发展中亟待解决的痛点与难点。

↘ 商业银行数字化转型发展之路的探索

金融科技领域专家　郭庆

近年来，我国明确提出数字中国规划，高度重视数字经济发展。我国的《中华人民共和国国民经济和社会发展第十四个五年规划和 2035 年远景目标纲要》（简称“十四五”规划）中也提出，“加快数字化发展，建设数字中国”，通过数字化发展的道路，改变人民生产、生活和政府治理方式。其中，立足信息技术产业创新，实现数字产业化和产业数字化，加快数字经济发展，对于把握数字时代机遇、建设数字中国将起到举足轻重的作用。

对商业银行来讲，既要服务数字中国的整体战略，为信息技术产业创新、数字产业化等方面做好金融服务，又要立足商业银行自身基础条件，加快产业数字化建设，实现数字化转型的良性发展局面。商业银行数字化转型的前提目标，一方面，应充分落实国家建设的要求，积极履行社会责任，服务实体经济，增强普惠性，有力支撑绿色金融、农村金融、科技金融的发展等。另一方面，要在规范化经营的基础上，明确职责定位，保持业绩稳健增长，努力做高质量发展金融主航道上的主力军，打造新时代的卓越银行。

数字化转型，金融科技的 3.0 时代

1897 年，我国成立了第一家具有现代意义的商业银行。之后，银行人便一直憧憬“记账不用笔、利息自己算、传票自己走”的自动化景象，这也是百年银行人信息化、智能化最朴素的畅想。这些简单朴素的愿望随着计算机的发展和网络技术的提升而逐步实现，我们把金融业务电子化时期统称为金融科技 1.0 时代。

在 1.0 时代中，业务行为的载体从笔、纸、算盘逐步向系统硬件过渡，这时的科技企业充当辅助参与者的角色。到了金融科技 2.0 互联网金融时代，一些信息科技企业开始利用移动互联、海量客户大数据等资源实现了金融业务中存贷汇等不同产品的创新组合，尝试改变传统金融产品的流程模式，触动了新的变革。

随着人工智能、5G、量子计算等新技术日新月异的发展，金融科技进入了 3.0 时代，商业银行更关注如何回归金融活动的本质，即利用新技术赋能传统金融行业的模式升级，推动金融行业信息采集、定价、决策支持等方面的智能化进程，不断催生新的产业业态，改变金融服务的传统方式，提升客户体验、再造客户旅程，造福人民百姓。这里“提升客户体验、再造客户旅程”将是一个非常重要的数字化转型的指标。聚焦于优化客户体验和客户旅程，不仅能有效地解决效率问题，还将颠覆性地改变客户服务模式。

客户思维驱动

提升客户体验的关键点在于客户思维，客户思维主导着金融产品及服务的变化。但客户思维的养成非朝夕之事，需要极大的魄力。对商业银行来说，培养客户思维，要明晰“以客户为中心”所必需的四大服务能力。

- 全渠道“懂你”的服务能力。打通线上、线下全场景的服务渠道，通过大数据为客户量身定制服务方案，明确客户所想和客户所需。
- 银行的虚拟身边服务能力。通过 5G、人工智能等技术，真正实现线上 24 小时客户虚拟服务，随时随地实现线上、线下专业金融服务的对接，甚至能够根据业务场景导入客户经理资源。

- 共享和开放的能力。对 B 端、C 端客户均建立共享和开放的环境，利用 API Bank 打造金融服务新模式，构建生态思维，为客户扩展更多的服务能力。
- 内部客户思维的能力。以技术赋能经营机构，用科技全面武装经营机构、业务管理以及中台、后台支撑部门，全速实现科技赋能业务发展。

银行业数字化建设面临的挑战

诚然，现阶段商业银行的数字化建设正在如火如荼地进行，每家银行都在积极构建自身的数字化转型发展蓝图。但拉通到全行业来看，银行数字化建设也存在一些共性的挑战。

- 人才匮乏。金融行业人才的匮乏主要表现在两个方面：一方面，大量的金融科技企业均面临科技人才短缺的问题，技术人才严重缺失；另一方面，金融科技人才培养难度大、周期长，导致既了解银行业务又能够将业务与技术融会贯通的复合型人才极度匮乏。银行业一定程度上属于劳动密集型行业，人才作为第一资源，将是商业银行完成数字化转型的关键所在，对银行业来说会是较大的挑战。
- 技术架构更新快。技术架构在不断更新，银行是否能够跟上日新月异的架构发展，是否能够及时调整企业架构，以适应快速、灵活、敏捷的转型要求，这些都是很大的挑战。
- 组织模式传统。商业银行需要不断探索科技与业务新的岗位合作关系，主动思考如何能够打破传统银行的组织模式惯性，着力于建设一个包含科技与业务的长效敏捷机制。

数字化转型关键路径

虽然商业银行数字化转型面临一些困难，但在充满不确定性的市场环境下百舸争流，唯有适应发展潮流趋势，不断探索尝试各种转型路径，才能找到一条适应自身发展的数字化转型的康庄大道，下面提供几点思考供同行参考。

- 自我机制觉醒。任何的转变都应率先从意识转变开始，数字化转型首先要做的一定是机构体系和机制的设计，应从机制变革入手，逐步展开转型工作。

- 组织模式转型。敏捷组织的建立能够有效应对数字化转型中的局部问题，也是转型工作的重要支撑。无论是来自业务条线还是科技条线的员工，都须做到目标一致、相互信任、感知类同，辅以充分的行动授权，以及激励机制，才能形成快速应对客户需求变化的优质组织模式。
- 科技人才赋能。数字化转型是科技思维赋能业务的转型，理应将科技与业务有效融合，将科技思维能力渗透到业务体系中，让业务条线人员具有科技思考的视角，这在一定程度上需要打破部门人才培养的壁垒，将科技人才“放之四海”而皆可委以重任。

总而言之，数字化转型之路任重道远、道阻且长，且在这条道路上，既仁者见仁，智者见智，又法无定法，没有一定之规，每家机构只有立足自身的特点和基础，以客户为中心，以问题为导向，聚焦人才之根本，逐步推进数字化转型的组织机制建设，才会不断接近“最优解”。

小结

本节着重于商业银行本身的数字化能力建设，从数字化建设模式出发，通过分析银行在数字化转型中面临的挑战，提出了“组织与机制驱动、客户思维驱动、科技人才驱动”等数字化建设的实践方法。数字技术作为现代社会的生产工具，不断创新升级以提升生产者工作的效率，而唯有生产者意识的觉醒，以及生产关系的重塑，才会真正实现生产力颠覆性的跨越。希望这段话能激励所有奋斗在商业银行数字化转型道路上的同行们。

银行金融科技与数据保护

龙盈智达（北京）科技有限公司首席数据科学家、腾讯云 TVP 行业大使 王彦博

近年来，金融科技蓬勃发展。中国人民银行继《金融科技（FinTech）发展规划（2019—2022 年）》之后推出了《金融科技发展规划（2022—2025 年）》，持续推动金融行业数字化转型。银行高度关注并大力发展金融科技，积极开展

数字化转型。

大数据时代银行金融科技框架

通常，银行数字化转型是从零售业务切入的，但随着金融科技的进一步发展，银行的数字化转型其实涉及了多个业务板块。例如，在数字货币、跨境支付等方面，需要中国人民银行来主导金融基础设施建设；在产业数字金融、供应链金融、中小金融等方面，聚焦于银行的对公板块；在小微金融、消费数字金融等方面，聚焦于银行的零售板块；在资产证券化、智能投顾等方面，聚焦于银行金融市场板块。

与此同时，信息技术的发展在最近 20 年有了质的飞跃。当前人类社会已经从互联网时代步入了大数据时代，正在开启人工智能时代。对于金融行业而言，信息科技的发展一直在为金融行业赋能，正所谓“无科技、不金融”。当前金融科技的发展主线是从互联网金融到移动金融，再到物联网金融、区块链，不断拓展和提升数据规模、数据活跃度、数据范围以及数据可靠性，以此推进大数据金融和基于大数据的人工智能、机器人、数字孪生、元宇宙等技术的发展与金融应用，促进良好社会发展与服务。

综合考量业务与技术发展，支持银行数字化转型的银行金融科技基本框架可以被归纳为图 2-1 所示。图 2-1 顶边是数字化转型目标，即银行业务与业绩的提升。达成这些目标需要其他 3 条边中的技术的协同发展。算力与算法是重要基础，国家大力发展算力建设，在 IT 基础设施方面提供保障。

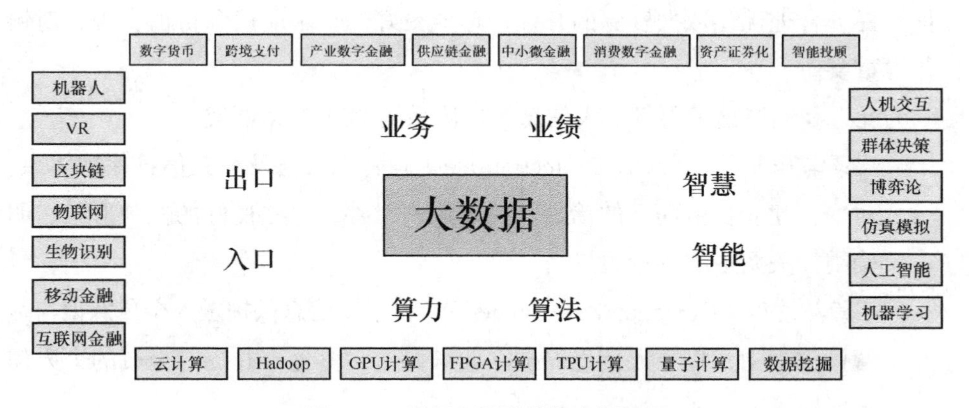

图 2-1　银行金融科技基本框架图

在这个框架中可以看到，互联网金融、移动金融、生物识别、物联网、区块链、VR、机器人等形态作为银行与客户的接触渠道，发挥了出口和入口两个作用：一是作为银行向客户提供服务的出口，二是作为客户业务数据、行为数据、评价数据的采集入口。采集、获取数据后，需要算力和算法，相关技术包括云计算、Hadoop、图形处理单元（graphics processing unit，GPU）计算、现场可编程门阵列（field programmable gate array，FPGA）计算、张量处理单元（tensor processing unit，TPU）计算、量子计算以及数据挖掘等，这是实现从大数据到人工智能的底层基石。基于以上两方面，我们可以进一步向机器学习、人工智能、仿真模拟、博弈论、群体决策、人机交互等方向发展，这代表了从基于大数据的智能迈向新的智慧形态。当前银行金融科技基本框架是以大数据为中心的。

同时，科技在不断进步，如何正确地利用和有效地管理数据也是金融机构需要关注的重点。银行数据安全保护实际上主要由 3 个方向组成，一是网络与信息安全，二是数据治理与数据资产管理，三是隐私与数据保护。

个人信息保护 POSTER 框架

随着科技的发展，人们对隐私安全的保护意识也在不断提升。2016 年，欧盟发布了《通用数据保护条例》（*General Data Protection Regulation*），这被称为人类历史上最严格的隐私法。2021 年，我国进入了“隐私立法时代”，发布了《中华人民共和国个人信息保护法（草案）》。所以，如何在最有效的数据保护前提下合理优化数据资源的开发，形成更好的金融应用和价值实现，对银行非常重要。

为此，我们提出了银行个人信息保护体系的 POSTER 框架。

- 政策与保护（Policy & Protection）。明确隐私策略及个人信息保护体系。对内，建立自上而下的治理管控体系；对外，树立良好的保护形象，明确委托关系中的权责边界。
- 运营与意识（Operation & Awareness）。将个人信息保护融入全员意识与运营操作当中，将个人信息保护在业务操作中落地，并提升全员的个人信息保护意识。

- 标准认证（Standard Certification）。开展国际、国内标准认证，持续对标国际相关标准，主动满足国内相关标准与认证。
- 技术与工具（Techniques & Tools）。开展个人信息保护技术与工具的研发，发挥大数据、人工智能和网络安全等技术在隐私与数据保护方面的作用；研发个人信息保护工作的相关工具。
- 应急响应（Emergency Reaction）。建立对信息安全事件的高效应对能力。建立数据泄露事件的及时评估、响应和处置能力；建立适时、适度进行数据泄露事件的沟通与披露机制。
- 监管沟通（Regulator Communication）。与监管部门保持积极的响应与沟通，紧跟监管机构的法规，关注监管动态；针对个人信息相关的技术应用、业务创新、影响评估等积极与监管进行沟通。

数据的分类分级

银行应该如何正确地运用数据呢？通常情况下，在汇集数据后，面临的首要问题，就是对数据进行有效的识别，并进行分类、分级。这是数据安全治理和隐私保护的关键，银行需要统筹梳理自身数据资产。

在这个过程中，要做有效的数据汇集和数据标注，就要有高效的数据分类分级技术方案。确立分类角度、维度和颗粒度，建立数据分类分级的模型框架，为数据资产的使用和保护提供保障。其中重点在于以下6个方面。

- 资产清点。要将数据作为资产管理的第一步是需要厘清银行究竟有哪些数据，数据分类是建立资产台账的前提。
- 资产估值。在数据分类的前提下，方可梳理不同类型资产的规模、数量、成本、价值。
- 开放共享。细化的数据分类分级规则是通过配套差异化的安全控制措施，充分释放数据资源价值潜能，又能够有效控制成本投入的最佳路径。
- 分级保护。数据安全分级是数据安全领域的基础工程，只有对数据的业务归属和重要程度有了明确的认知，才能有针对性地采取不同策略来保护和管理数据。

- 权限细化。进行数据安全分级，从字段级别上就可以区分不同访问权限，使访问控制精细化，减少敏感信息被无关人员访问的风险。
- 重点监控。在数据防泄露系统中，可以准确标注出敏感数据、高安全级别数据，提高防泄露监控的性能和准确性。

基于自然语言处理的数据识别与分类分级

银行日常经营面临的数据量是巨大的，如果全部采用人工的方式识别、分类、分级，不仅效率低，而且需要投入大量成本，为此基于自然语言处理（natural language processing，NLP）技术的数据识别与分类分级方案应运而生。NLP 技术还可以综合利用机器学习、知识图谱等新兴技术，在智能风控模型、规则的构建方面形成良好的应用模式，甚至在敏感信息的监控、审计、检查、舆情分析、自动化审计等方面，NLP 技术也有不错的应用发展。

同时，我们也面临一些挑战。

- 要适应数据多样性及信息融合。识别对象数据将呈现多维化、多样化、多模态化，并且由于不同数据集的融合，不同数据组合后的信息不是简单的“1+1”的关系，其敏感度和安全级别也将发生变化，对 NLP 有更高的信息推导要求。
- 要满足从离线批处理到在线实时的多场景。不仅要满足静态的批量处理要求，更需要对实时产生、传输的数据进行识别与标注，满足实时监控、预警等需求。
- 要从技术向服务转变。NLP 技术向平台化、服务化发展，以便更好地适配大数据技术，为来自不同数据源、不同特性的数据提供流畅的服务。
- 要实现多技术的整合运用。NLP 技术作为一种工具或途径，需要与其他人工智能技术，大数据、隐私保护等技术进行组合，才能发挥其特长，真正实现其应用价值。

可以看到，个人信息与隐私保护是一项综合的、复杂的、长期的工作，需要纳入银行的治理与运营过程，不断磨合、完善。在大数据和人工智能的时代，银行在金融科技发展和数字化转型过程中，需要不断探索数据产业发展与个人权益保护之间的平衡之道。

小结

本节从金融科技出发，提出了大数据时代银行金融科技基本框架、银行数字化转型发展，阐述了银行个人信息保护 POSTER 框架，结合银行业务实践探讨了数据的分类分级原则，并介绍了基于自然语言处理的数据识别与分类分级技术，以期为金融行业提供参考。

↘ 金融科技浪潮下的数字化转型

舜源科技合伙人 &CTO、腾讯云 TVP 行业大使　韩光祖

金融科技的迅猛发展加速了数字化转型，在现代金融体系中，金融科技的运用已经到了非常重要且关键的阶段。接下来，我们将从金融数字化转型阶段、架构及战略规划等角度出发，与大家一起剖析场景制造的全貌与敏捷进化生态银行的发展。

金融数字化转型阶段、架构及战略规划

对于金融数字化发展的划分，大众普遍认为金融数字化转型一共经历了 4 个阶段：从 1.0 阶段的直通金融，到 2.0 阶段的流量金融，再到 3.0 阶段的场景金融，逐步地走进了金融数字化的“深水区”。未来，4.0 阶段的客户金融将会充分实现客户体验与虚拟银行的结合。

目前，大部分银行都停留在 2.0+3.0 阶段，正在逐步迈入 4.0 阶段。数字化 2.0 是依赖流量的金融，数字化 3.0 是依赖场景的金融，数字化 4.0 是依赖客户的金融，如图 2-2 所示。因而，客户体验和场景在金融数字化转型中扮演着至关重要的角色。

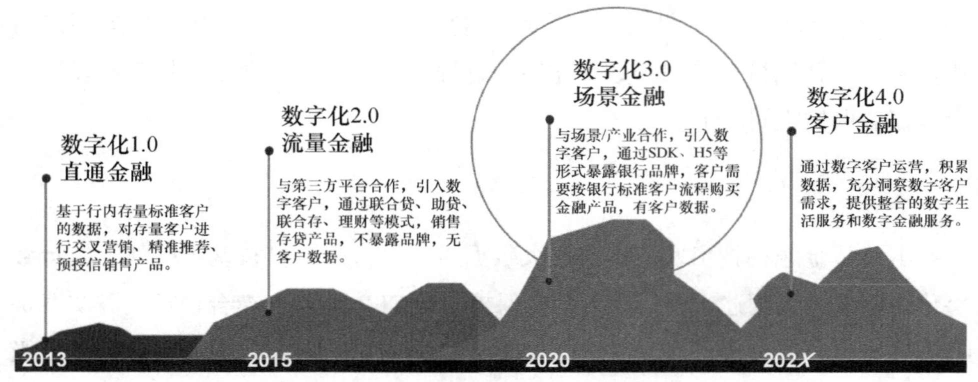

图 2-2 数字化金融不同阶段示意图

在此之中，金融数字化转型的战略与架构处于至关重要的位置。一套完整的数字化转型战略应该涵盖总体战略概述、战略框架、战略定位、战略目标、战略举措五大部分，而在架构层面又应该包括总体架构概述、业务架构、应用架构、信息架构、数字基础设施架构、企业开放平台架构等方面。

可以说，金融领域的数字化转型，是一套完整的、体系化的系统建设方式，绝不是一蹴而就的。银行的数字化转型一定是业务、技术、环境三位一体的全方位转型，涉及用户体验、业务场景、数据融合、数字平台、组织管理、制度规范、建设运营、信息安全、文化素养、敏捷驱动等关键要素，根据顶层设计需求进行转型。

在金融数字化转型的战略规划层面，又主要以场景金融、用户体验、数字运营、敏捷驱动为核心方向，再搭配关键技术（即人工智能、区块链、云计算、大数据、物联网、安全），结合运营目标，通过一个智慧开放的平台将资产端和资金端打通。其主要目的是赋能银行业务，提升科技水平，产出创新产品，同时提升银行的知名度。

场景制造全貌解读

在介绍完相关战略规划后，我们转向对场景制造的探索。场景制造是一整套的方法论，包含场景嫁接（scenario grafting，SG）、场景参与（scenario participation，SP）、场景复制（scenario replication，SR）、场景叠加（scenario overlay，SO）4 个方面。

场景嫁接是树立跨界思维、寻求新鲜感、力争差异化、提高参与度、与行业品牌结合、把产品做成连接器、获得更多流量入口、增加客户黏性等一系列动作的集合。场景嫁接有一个 IBCD 漏斗模型，用于连接情景、价值与时空，如图 2-3 所示。

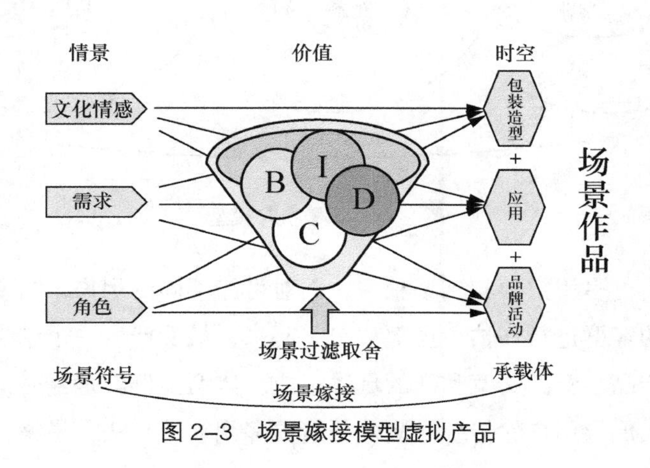

图 2-3　场景嫁接模型虚拟产品

IBCD 漏斗模型介绍如下。

- I（industry，产业）：行业性 / 差异化（强、中、弱）。
- B（brand，品牌）：品牌调性（风格行为方式价值主张、参与度）。
- C（customer，客户）：客户坐标（市场区域 1 ～ 5 级、客户数量少到多）。
- D（demand，需求）：需求类别、需求强度。

场景嫁接的一个典型例子就是 QQ 的奥运活动。在 2016 年里约热内卢奥运会火把传递的城市接龙中可以看到，通过 QQ 嫁接蒙娜丽莎的微笑，点击屏幕就可以自动预约火种成为一名“AR 火炬手”，并可以生成一张 AR 识别图实现用户与朋友共同传递火炬。在这个过程中屏幕上显示一张 3D 的 QQ 图像和城市的标志性建筑图像，这个拉新活动约有 5000 万人参与。这就是非常典型的场景嫁接案例。

场景参与的目的是争抢用户、吸引用户做贡献、让用户和品牌行动一致，如图 2-4 所示。

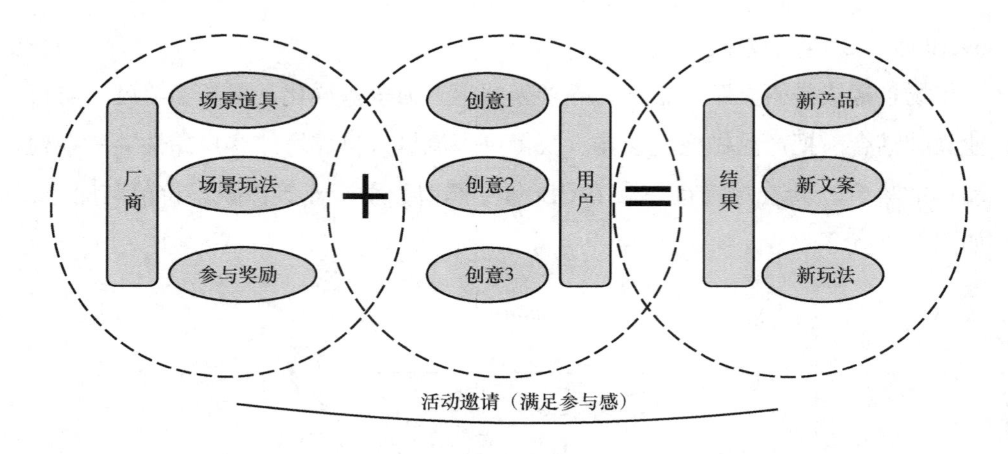

图 2-4 场景参与模型

为了吸引更多用户参与到场景中，面对可能不同的用户，需要有不同的创意，对不同的客群进行评估后全部“包”起来，最后产生一个结果，这个结果由一个新的产品、新的文案和新的玩法组成。典型案例就是当时某饼干品牌组织用户活动，倡导用户除传统吃法外创造更多创新的吃法。最终在与用户共创新玩法的同时，再一次提升了品牌曝光度与认知度。

场景复制的目的是将生活化、专有化、仪式化的原生场景复制到特定的产品、渠道或者空间中，借助实体场景构建“购物环境的面”；借助虚拟场景（App），构建“消费服务的面”；借助场景体验营销活动，构建“连接与促销的面”；环境服务客流销售构成“体”，支撑起已有的面，如图 2-5 所示。

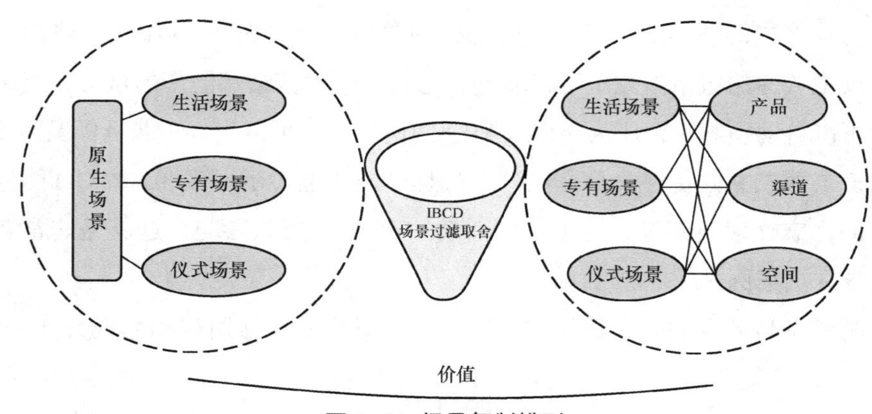

图 2-5 场景复制模型

某综合性购物中心实际上就是一个场景复制的综合案例。先借助实体场景构建购物环境的一个面。再借助虚拟场景（App），透过 App 了解消费者的使用行为，也可以构建一个消费服务的面。最后借助场景体验、营销活动去构建连接与促销的面。把不同的面相结合，让消费者沉浸其中。

场景叠加的目的在于，场景追踪与设置围绕用户的生活、消费与社交等。从线上到线下设置场景，从场景到场景流，带给用户丰富的场景体验，如图 2-6 所示。

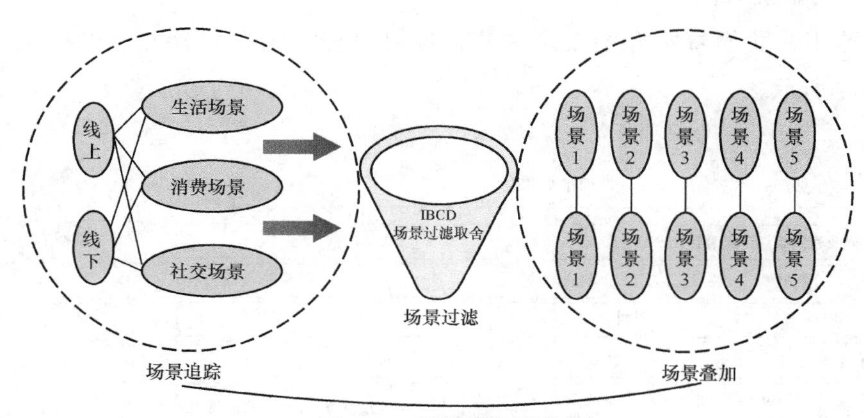

图 2-6　场景叠加模型

场景叠加的典型案例是某孕童零售品牌，它主要构建了一个客户关系链，结合服务场景和社交场景来吸引用户。其 App 是基于情感的连接器，结合线上线下和社交的场景，包含医疗和学习，充分满足客户在精神、服务和产品上的需求。

敏捷进化生态银行的发展

众所周知，过去几年敏捷银行的概念被较多提及，但现在对银行的要求已经不只是敏捷，而且是一种敏捷进化的生态。从银行的维度来划分，可以划分为渠道、产品服务和社群、私域三大模块，生态银行的模式也包括开放平台型、中介引流型等多种形态。

要建设这种敏捷进化的生态银行，对金融行业数字化团队的要求非常高，既要全面提升企业前中后台的架构能力，又要在流程上做到足够的智能化，需要持续地打造敏捷开放的自进化乐高型银行，围聚生态，实现共生共赢、科技赋能、服务无所不在、智能引擎驱动的数智化敏捷银行。

平台价值管理

在数字化转型的过程中做好平台的价值管理是非常重要的。通过自建模式、共建模式、投资模式、联盟模式等形式，为金融科技创新平台提供支持，根据银行的具体使用需求与场景来实际落地，真正提高对外获利与对内流程效率的全方位提升。

这里，我们着重介绍投资模式，也可以称之为孵化器互联网模式，如图 2-7 所示。

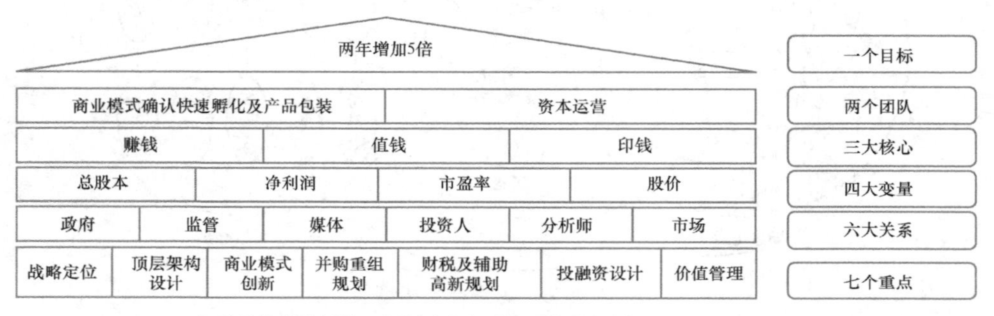

图 2-7 孵化器互联网模式

基于 IaaS、PaaS、SaaS 的云平台以场景金融、全面用户体验、旅程与生态结合、数字化运营、敏捷驱动为核心及应用程序接口（API）、软件开发工具包（software development kit，SDK）等工具打通资产端与资金端，实现开放与输出，吸引金融科技创业者进驻。银行提供场景，在其项目发展初期通过资本手段实现引导和控制，填补银行传统业务在互联网技术上的短板；当被孵化的项目满足银行自身需求时，可通过增资控股等途径，如信托、特殊目的实体（special purpose vehicle，SPV）等，将新业务吸进银行本体内，或通过资本规划做好价值管理，通过持续运营或将合并、收购、卖出作为直接获利的手段。在行业数字化转型的滚滚浪潮中，希望广大同人创新的脚步不停，共同构建未来更完善的数字化金融场景。

小结

本节从多个角度详细剖析了银行数字化建设过程中需要注意的几个要点，先是数字化转型过程中的“场景制造”方法论，对四大场景制造方式逐一进行了解读；随后对银行数字化过程中的敏捷进化生态银行建设和平台价值管理进行了简单的阐释。

第3章 智慧赋能金融

本章将从宏观架构、底层技术、供应商合作模式等多个角度，逐层解读腾讯如何依托多年C端服务技术能力，赋能B端金融行业数字化发展。

↘ 腾讯云金融科技助力银行数字化转型

腾讯金融云副总经理 赵明明

对于金融行业数字化转型，大行并不是最早的实践者，却是最深的思考者。2018年中国建设银行成立了国有大行第一家金融科技子公司，之后中国工商银行、中国银行、中国农业银行、交通银行纷纷都成立了金融科技子公司。一方面通过市场化的机制吸引人才，增强金融科技能力，实现对银行内部的赋能；另一方面也希望建设金融科技合作生态，通过金融科技能力的输出，最终服务于银行金融业务。

对银行而言，为什么要进行数字化转型呢？在新时代下，业务模式和经营状态的变化是银行数字化转型的最大动力。近年来，银行对公业务萎缩、零售业务快速增长；物理网点萎缩，移动化快速发展。尤其是近几年，一些机构营业网点的关闭，对其业务造成很大影响，甚至顺利开展业务都成了问题。这些机构在特殊环境下艰难求生的现状，反映出其线上数字化建设的短板。同时，银行的客群也在变化，高净值客户的低迷与长尾客户的增加，以及国家普惠金融政策的推进，都要求银行业进行一场深度的数字化变革以应对业务模式的快速变化。

腾讯对银行数字化的理解

基于以上变化和挑战，银行在进行数字化变革时，首先需要具备技术、敏捷和生态这 3 个方面的数字化能力。

数字化的核心能力具体如下。

- 分布式架构能力。不论是基于业务中台实现上层业务的敏捷迭代，还是基础 IT 资源的快速供给和调度，都需要银行基于“云化”分布式架构的基础设施实现。
- 数据分析能力。不论是业务的优化、创新，还是业务运营能力的提升，都要依赖数据来决策和驱动，都需要银行具备基于大数据分析、数据挖掘的能力。
- 掌握创新技术。创新技术包括区块链技术、物联网技术、音视频技术、机器人流程自动化（RPA）技术等。这些创新技术也是银行在构建数字化核心技术能力时需要掌握和应用的。

在打造敏捷的智能业务平台和适配的敏捷化组织方面，大行已经走在了业界前面。银行现有的组织架构体系对银行的金融科技创新存在制约，所以大行纷纷通过成立市场化运作的金融科技子公司的方式实现敏捷化组织架构。银行通过构建敏捷化的业务中台能力，基于数据驱动运营优化和服务能力提升，以应用数字技术为手段，实现业务的高效扩展和智能化运营。

要打造银行无界数字生态，需要银行将自身的金融业务能力与各类场景相结合，这就要求银行将业务进行线上线下渠道的整合及数字化升级。

三位一体的腾讯云数字化解决方案

腾讯基于生态、敏捷和技术 3 方面的能力，为银行提供三位一体的全面的数字化银行解决方案，如图 3-1 所示。

在技术方面，腾讯云提供了自主可控、安全合规的基础设施平台，包括云平台、大数据平台、人工智能（AI）平台等云化基础设施平台，以满足银行等金融机构构建内部私有云、集团云、行业云或者生态云，协助企业搭建专有云平台、金融级分布式数据库、微服务平台、大数据及人工智能平台等。

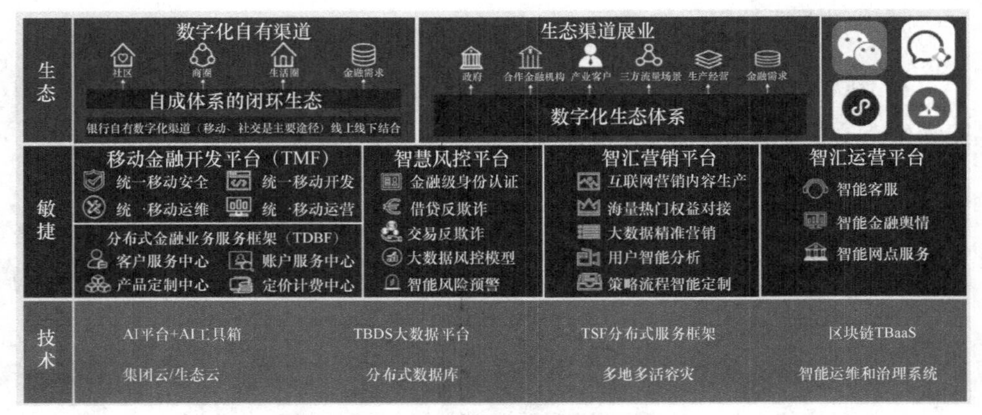

图 3–1 腾讯数字化银行解决方案

在敏捷方面，腾讯云提供了诸多敏捷工具，可以通过移动开发平台快速构建 App、小程序，帮助金融机构构建体验一致、多端协同的 C 端渠道入口。腾讯云还提供了一套完整的分布式金融业务服务框架，帮助用户快速构建创新业务平台，基于平台实现创新业务的快速迭代和落地。腾讯基于自身 20 多年的技术沉淀，为金融机构输出风控、营销平台和运营方案等，这也是我们基于技术平台帮助金融机构打造金融业务相关的敏捷能力。

在生态构建方面，腾讯提供了企业微信、多种音视频 SaaS 工具等，帮助用户构建其金融开放生态。当前全真互联时代加速到来，腾讯云数字新连接助力打通虚拟与现实，构建一个更多维交互的互联网形态，加强金融机构与用户的连接性。此前，腾讯基于音视频、VR 等技术推出虚拟营业厅产品，利用自身强大的实时音视频能力，将传统的人与人、面对面的银行服务延伸到网点之外，在助力银行降本增效的同时，也使服务更有温度，得到了行业客户和监管机构的广泛认可。

腾讯金融云技术实际落地领域

基于以上解决方案，腾讯云已经与数百家银行展开了深度合作，通过腾讯云的技术，赋能银行金融业务发展。具体来看，主要合作有以下几个方面。

金融云基础设施的构建是很多金融机构在数字化转型中的首要任务。构建金融云基础设施，首先是 IaaS 层的建设，也就是计算、存储、网络和安全这

4 部分的分布式云基础设施的建设；其次是 PaaS 层的建设，即将传统的基于 IOE 的集中式架构往分布式 PaaS 平台上做迁移。腾讯云提供满足自主可控要求的分布式云平台，提供支持全栈信创要求的 IaaS、安全、金融级分布数据库和微服务平台等成熟产品，以帮助银行快速构建金融云基础设施。随着对数据生产要素的重视度越来越高，作为技术底座的大数据和人工智能平台在金融云基础设施中的重要性越来越突出。腾讯云为银行客户提供多个产品来帮助银行实现全链路数据应用开发、数据治理、模型训练和部署等，有效地提升了银行在风控、营销等业务上的数据运用能力。

在中台建设方面，虽然很多银行具备很强大的金融科技人才团队，但真正能把新的分布式架构中的每个技术组件"吃透"仍有一定困难。腾讯云在交付云化基础设施之外，还会帮助银行搭建业务中台层。腾讯云专注于底层的技术能力，而我们的合作伙伴在腾讯云基础能力之上构建金融业务中台，屏蔽技术组件的复杂性，预制多种可复用的业务原子能力，通过原子能力的组合和业务中台标准接口，帮助客户实现业务产品的快速构建和迭代更新。

在移动开发平台方面，腾讯希望帮助金融机构打造四端（公众号、小程序、App、HTML5）联动的新型终端形态。借助腾讯云移动开发平台和其在 C 端产品的设计、策划、运营上的经验，金融机构可以快速重构线上服务入口，构建从线上获客到持续运营的一体化流程体系。

除了技术平台建设，腾讯也在实现更多的场景新服务。场景新服务是指腾讯云结合金融机构服务创新的需求，依托腾讯数字化落地能力及客户运营经验，联合合作伙伴为金融机构提供能够解决具体场景服务需求的解决方案。例如，腾讯云能够针对医疗、教育等场景提供支付、风控等能力，助力金融机构将金融服务嵌套进医疗场景；在乡村振兴方面，腾讯云能够与农村金融机构一起，结合农村经济发展提供一揽子解决方案；在产业金融领域，腾讯云能够提供供应链金融系统，协助企业打造风险管控和普惠金融的能力，助力产业金融高效发展。数字化是这个时代的趋势，它并不因为某些人认知的不同而延缓。

小结

腾讯云作为各行业数字化助手，在近年来对银行业有深度的分析、了解及服务。本节从宏观角度，首先阐述了腾讯眼中的银行数字化建设。从技术能力、敏捷能力、生态能力，简明扼要地介绍了腾讯对数字化银行建设的辅助能力，并从 3 个方面提出了腾讯三位一体的解决方案，以及实际落地的技术应用。

↘ 新连接，新模式，新动能

腾讯云金融云战略运营总监 吴悦宁

腾讯在 2021 年发布的金融行业调研白皮书指出，在现阶段，除国有大行外，各地的区域性银行都也已经开始了数字化建设工作。在受访的企业中，有 91% 的区域性银行都表示已经开始了数字化转型工作，但其中 52% 的受访企业都认为自己的数字化转型仍旧处于起步阶段。

同时，作为数字化转型的服务商，腾讯在服务企业的过程中，也发现在企业的转型中，大家都有很多类似的特点。例如，在各个机构的转型中，大家在 IT 层面都做了类似的平台、内容和数据能力，也都基本聚焦于客户交付、产品及基础能力。但随着数字化转型的不断深入，简单的数字化能力建设已经不足以应对未来日益复杂的竞争环境。

金融数字化动态竞争

随着数字化的不断深入，运营与生态能力愈加重要。未来，在数字化转型的过程中，企业想取得相对优势和差异化优势，关键就在于利用数字化能力打造企业韧性，并从动态视角来考虑数字化转型。未来，企业要想实现数字化持续优势的关键就在于以下 3 点。

- 定期更新优势。企业需要在现有业务中表现良好，但也必须不断探索新的增长模式，以实现持续成功。
- 平衡效率与韧性。企业应关注长期价值创造，并将业务置于其所生存的体系中思考如何塑造。同时，企业要转变思维，充分准备面对随之而来的冲击。
- 塑造环境。企业可以通过自身行动塑造潜在结果，例如通过创造新产品来带动新的消费者需求走向最前端，或与合作伙伴共同影响生态系统的发展，以实现互利等。

另外，对金融机构而言，以动态视角，从以下 3 点来思考数字化建设模式也是尤为重要的。

- 探索原生数字化业务模式。持续探索全新的，构建于数字化底座之上的业务模式，从而取得领先优势。
- 完善组织体系和生产工具。持续完善以敏捷为代表的数字化组织体系和平台为核心的生产工具，提升效率，增强韧性。
- 构建或整合融入数字化生态。重视金融与非金融生态的整合，逐步构建起生态圈的运营能力，实现更大范围的触客、获客和留客的目标。

数字化转型思考框架

基于以上的数字化动态竞争思路，我们应该从哪些角度来进行数字化转型呢？腾讯给出的答案在于 3 个“新”：建立新连接、实现新模式、构筑新动能，从而打造数字化时代的竞争新优势。

- 新连接：构建“全真互联网”，形成数字化时代金融机构与各类客户的新型的、融合的连接方式。
- 新模式：利用数字化赋能金融机构的业务和产品，乃至孵化全新数字化的业务模式。
- 新动能：推动数字化转型的三大新动能：建立与数字化相匹配的新组织、领导力及工作方式；寻求将自身融入整合的金融和非金融新生态，或可利用伙伴的力量实现生态整合；依托云计算、区块链、物联网等前沿技术，构建数字化转型的基础底座。

金融机构的数字化转型的终极目标是利用数字化创造新价值。而实现终极目标的路径也一定是需要通过持续的创新来解决的。接下来，我们将逐一对以上 3 个“新”进行详细解释。

新连接

技术的进步将使得金融机构触客的能力和质量全面增强，客户体验将获得全面跃升。金融机构依托逐步成型的全真互联网，从传统的文字 / 语音连接，转变为可信的音视频连接，并构建优质的私域流量池，实现多元化的信息传递、线上线下的深度融合，同时实现万物互联与实时交互，真正从开放金融向开拓金融转变。

相比传统的移动互联网，全真互联网更强调连接多种形态（如音频、视频等），可以为客户提供更逼真和可信的交流环境，为客户提供极致体验，从而夺得数字化转型的制高点——体验。

在金融服务的日常实践中，传统（如文字、语音）的沟通简单、无趣，客户体验不佳，客户不愿意使用。而现在众多金融机构使用的"数字人"被赋予了人设、形象、动作与情感，与客户的沟通不再是简单的纸片机器人，而是有血有肉的数字人，这将给客户体验带来全面提升，也使得客户服务的客户从中青年，扩展到少年、儿童和老年群体。

此外，还可以将数字人放到更大的开放银行场景中，将其放到 G 端生态之中，例如部署在社保大厅之中，为来办业务的人答疑解惑，甚至在此基础上，集成银行侧的部分功能，如信用评分支持，帮助客户了解自己可能获得的公积金贷款金额等，促成双赢。

新模式

传统业务经过数字化改造后，其核心的经营指标可以转变为以用户活跃度为代表的六大类指标，而这些指标的牵引指标是客户净推荐值（net promoter score，NPS），如图 3-2 所示。

为实现这样的经营目标，很多经营机构已经在尝试寻找与数字化经营更匹配的创新业务模式，目前来看，主要有 3 种模式。

- 类互联网营销。采用类互联网的营销模式，强调流量的获取与经营，最终实现交易转化和沉淀。这种方式需要采用类互联网的 C 端客户经营模式，从众多非金融场景通过电商、内容、游戏等手段持续获取客户，并利用关系载体沉淀为私域流量池，然后通过最核心的运营环节留住、激活和裂变客户，最终实现交易沉淀。实践表明，这套经营模式对 C 端用户的经营还是很有效果的，腾讯也为众多金融机构提供了丰富的运营工具，帮助很多银行开展了流量经营，取得了不错的效果。

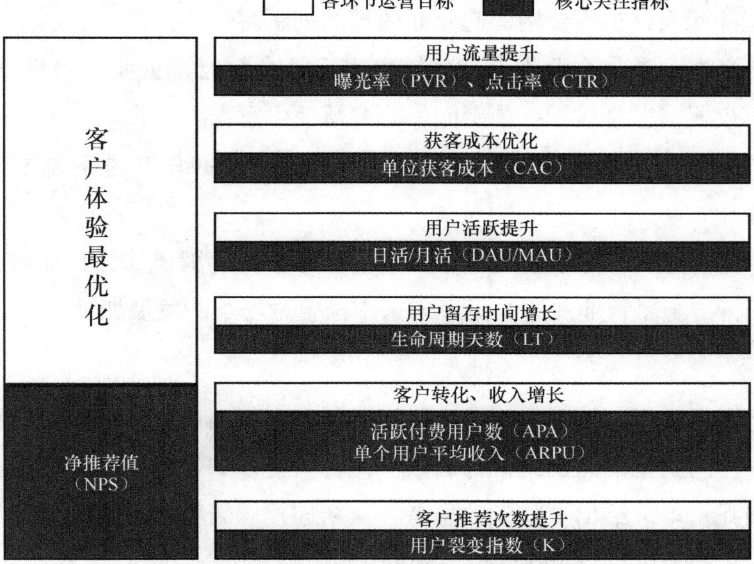

各环节运营目标　核心关注指标

客户体验最优化	用户流量提升 曝光率（PVR）、点击率（CTR）
	获客成本优化 单位获客成本（CAC）
	用户活跃提升 日活/月活（DAU/MAU）
	用户留存时间增长 生命周期天数（LT）
净推荐值（NPS）	客户转化、收入增长 活跃付费用户数（APA） 单个用户平均收入（ARPU）
	客户推荐次数提升 用户裂变指数（K）

图 3-2　客户最优体验衡量模型

- 扩展经营边界。想办法利用数字技术扩展网点的经营边界，圈定更多的客群，降低获客成本，提升客户转化。5G 时代，移动端流量费用越来越便宜，用户对体验的期望也会越来越高，我们把物理资源和员工资源数字化以后，就可以通过场景的数字化，把网点 - 员工 - 服务连接起来，基于实时音视频互动作业平台，给客户更好的用户体验，增加服务的广度和深度，并最终与生态一起形成零售银行的营销闭环。
- 开放与孪生。银行业务的边界越来越模糊，业务模式也越来越开放。同时，引入数字孪生技术模拟开放后的生态，确定最佳策略，基于场景孪生与业务孪生，通过内外结合进行数字化运营探索，高效为客户提供服务。

新动能

除了新连接与新模式，新动能也是一个重要概念。未来数字化转型新动能也将从 3 个角度爆发。

- 新组织。组织是数字化转型核心中的核心，转型的本质就是人的转变。在数字化转型中，我们应该构建起全栈敏捷团队，同时，随着数字化转型的深入，也需要构建起企业内部的创新孵化器。
- 新生态。未来企业生态的关键点在于整合政府、企业、用户三方生态，不仅要覆盖金融圈，消费圈，更要覆盖生意圈。
- 新基建。搭建起基础设施与各类基础平台，并使其越来越智能化与敏捷化。

数字化转型，一定会孵化出很多新的业务模式。腾讯作为行业数字化服务助手，期待与金融行业一起，见证未来中国金融场景的发展变迁。

小结

对于银行数字化转型的建设，腾讯除了有宏观角度的思考，还注意到了目前很多银行同质化的问题。银行的数字化转型应该如何构建差异化？更具针对性地转型呢？本节给出了腾讯的思考，从新连接、新模式和新动能这 3 个角度提出改变，给予银行数字化建设以新的生命力。

↘ 区域性银行的数字化转型

腾讯商业银行首席顾问　王军

银行数字化转型的本质是以业务运营增长为指引，运用新技术对业务模式、产品服务及客户体验的数字化进行重塑。区域性银行在资源约束的情况下，可参考腾讯数字化转型参考框架与“数字化新连接与数据化双运营”的落地实践，聚焦极致的客户体验，产品与服务创新，运营效能提升，新业态、新模式建立这 4 条主线，规划与统筹转型落地。

数字化核心需求

数字化服务于业务经营增长，根据行业观察，区域性银行的核心需求聚焦在 4 个方面。

- 持续获客与用户运营。不同细分客群对金融服务的需求、接受服务的方式、可承载的业务贡献，以及不同区域与经济发展背景下存在的风险都存在差异。区域性银行可基于不同业务板块的经营策略，分析并确定匹配目标客群的经营政策。借助数字化的方式实现持续有效的获客与转化，升级现有获客打法与方式实现转化提升，实现分类客群运营的差异化与可视化，提升客户业务关系与贡献成为驱动数字化转型的核心需求。

- 数字化业务创新。产品与服务承载目标客群业务转化与经营目标的达成。从产品与目标客群匹配角度来看，数字化转型将聚焦在现有产品线上化与数字化迁移、基础金融服务与权益服务的场景化创新、产品向目标客群投放方式与客户获得体验的优化上。
- 数据化风控与运营。现阶段聚焦于资产负债表经营下的业务结构优化、数据支持下全流程风控与合规经营，以降本增效为目标的业务集约化与自动化处理能力提升。
- 科技适应性与敏捷交付能力。业务经营环境的快速变化与不确定性，由业务向科技进行传导，倒逼技术架构设计更敏捷，并提供更加高效的服务能力，以快速响应业务需求与联合性创新。构建“自有＋伙伴＋业务”多方协同的敏捷交付与融合创新的服务体系。借助数字化转型，实现云上开放的平台化架构转型，数据获取与数据变现的能力建设成为现阶段关注的重点。

4条核心能力建设主线设计落地路线与方案

综合以上4个方面，以完整的数字化转型规划为指引，企业应立足业务经营增长分析并确定短期速赢切入点，并以此设计落地路线和方案，参考同业与腾讯以往实践，企业可考虑的4条核心能力建设主线如下。

- 极致的用户体验。从经营角度来看，应该聚焦于客户的营销和运营能力建设。将持续地获客和存量客户的分类经营作为数字化切入点。以用户获取与服务旅程为主线，借助数字化升级获客打法，建立全连接与协同化对客服务能力，优化数据化用户分类运营体系，实现线下与线上全连接拓展、细分客群的差异化定价与精准服务投放、生态协同化对客服务。

- 产品与服务创新。以现有金融服务线上化与场景化演变，“金融＋权益”的“可售服务组合创新”与“差异化定价”为牵引拉动数字化转型。
- 运营效能提升。聚焦存量用户经营贡献与降本增效，围绕建立数据分析可视化与策略化运营，搭建面向一线队伍、伙伴与客户的数字化集约运营与风险管控两条主线，进行数字化转型落地方案设计。
- 新业态，新模式建立。聚焦于细分客群与分行的特色化经营、异地分行对客拓展与服务模式创新、异业联盟下的生态银行创新、开放的场景化银行服务模式创新等主题，在对现有组织管理模式和经营格局进行变革性冲击的前提下，建立数字化转型切入点。

腾讯的商业银行数字化转型探索

腾讯基于自身生态资源与服务能力，搭建以数字化新连接与数据化双运营为支撑的服务方案，助力银行零售业务的数字化转型落地。具体有以下三大举措。

基于微信与企业微信生态服务能力，以获客与用户转化经营全生命周期为主线，建立全连接触客与协同化对客服务能力，该举措可细分为以下3个部分。

- 用户连接。以小程序为承载，打造线上与线下协同的“我的银行”超级连接服务矩阵。触客与对客服务端通过“群＋码＋小程序”服务嵌入厅堂展示屏、数字化网点、微信银行、活动营销、伙伴服务码、生态营销码等渠道，构建服务易触、易达、易用的身边网点。以“群＋在线服务”实现以客户经理为牵引的内部资源与伙伴的协同对客服务。以小程序矩阵实现金融服务与伙伴权益等服务投放，为用户提供高匹配的活动推荐、差异化产品与定价、专属内容投放、专属客服等无界银行服务。
- 生态连接。生态伙伴是对客场景服务、权益、生态客群流量合作的重要服务方。基于伙伴协同运营贡献分析，对伙伴进行准入与分类管理。伙伴合作从流量对接升级为协同展业、“金融＋权益”服务创新、联合对客服务以及数据合作和协同化运营。以银行构建的“我的银行”为联合服务触点，聚合伙伴服务、权益与场景，实现协同化展业。以“金融+场景服务平台”为支撑，实现第三方生态场景，“金融+权益场景”组合投放，以“认证码+群+协同运营平台”实现伙伴联合服务，落地“银行+伙伴+用户”的经营生态。

- 队伍连接。基于企业微信搭建统一的全员在线的内部协同桌面，借助企业微信协同能力，实现银行内部跨团队组织的协同化对客营销与服务。借助企业微信与微信连接能力，借助“码+群+侧边栏”投放实现对客连接与服务。借助企业微信跨组织管理能力，连接伙伴联合对客营销与服务。

此外，基于腾讯原有技术的数字化能力包含以下两个方面。

- 轻型化数字化可售产品与服务场景构建。建设场景金融服务与运营平台，聚合网点周边特色服务、伙伴权益和金融服务产品。围绕细分客群实现轻型金融场景封装投放，数字化权益与生态服务组合投放，“金融+产品”包组合再定价投放。并将小程序或开放银行服务嵌入“我的银行”，实现对客服务与伙伴合作运营落地。
- 生态协同的数据化双运营服务体系。支持银行搭建“自有+腾讯协同”的双循环运营体系，基于腾讯数据化运营平台，协助银行依托自有数据与运营团队搭建数据化运营机制与服务能力，实现以“我的银行”为触点的用户运营与伙伴运营策略落地。针对银行在新增客与非活跃客户方面的自有数据不足及策略投放能力缺乏情况，可对接腾讯运营服务。双方在保障合规的前提下，共同组建联合运营团队，借助腾讯生态数据与运营能力，实现协同化运营。

对比大型银行，区域性银行的数字化转型建设存在其独有的特定及不确定性。腾讯定位数字化转型助手与连接器，将协助与支持区域性银行的数字化转型落地与目标达成。

小结

除大型银行的数字化建设外，腾讯也同样服务于区域性银行的数字化建设。相较于全国性大行，区域性银行的数字化具有其独特性。本节基于腾讯多年服务经验，指出了区域性银行需要重点发展的 4 条核心能力主线，以及相应的解决方案。

↘ 金融音视频中台建设创新与实践

腾讯金融云资深产品经理 姜渊

在过去的几年里，腾讯金融云一直深耕金融行业，帮助数十家银行搭建了音视频中台。这背后是腾讯多年在实时通信（real time communication，RTC）技术方面的技术积累与创新。从早年间 QQ 端的视频通话功能，到今天的腾讯会议，腾讯的 RTC 底层技术在不断突破，基础设施的建设也在不断完善。而腾讯云也希望将这种能力赋能给更多的金融企业，助力企业搭建自己的音视频中台，在这个领域实现完善的数字化建设。

腾讯云金融音视频中台能力

腾讯云实时音视频（Tencent RTC）提供全平台互通的高品质实时视频通话服务，依靠强大的网络基础设施，可以有效解决用户多运营商跨网、低延时、高并发接入等关键问题。强大的底层技术、流畅的音视频通道，以及专业的服务团队，是腾讯云能做好音视频服务的原因。

众所周知，不同的金融业务场景在安全、合规上的需求不同，这对音视频链路的稳定性、音视频会话质量提出了不同的要求，在这方面腾讯云也有着领先的技术设计。

- 分层解耦架构。支撑金融场景对于复杂内网环境、敏捷开发、安全的要求。
- 音视频引擎及服务质量（Quality of Service，QoS）能力。例如 3A（回声消除、噪声抑制和自动增益控制）处理、弱网对抗（抗丢包、网络自适应）。
- 全网加速能力。通过全球边缘节点覆盖，多运营商就近接入，支持实时智能调度。

在底层技术方面，腾讯云提供了多平台支持、多功能及丰富的接口、全网加速能力、安全可靠、弱网环境下仍能保证通话质量等开箱即用的功能。在金融音视频行业影响力方面，腾讯云参与了金融音视频行业标准的制定，同时也是北京金融科技产业联盟人工智能专委会音视频金融应用工作组组长单位。

同时，腾讯云在落地音视频应用的时候，致力于将音视频中台建设为全行对客服务场景下的基础设施，基于音视频能力支持不同的业务部门、不同的场景需求。一个完整的音视频中台从底层到顶层可以分为3个部分：一是底层的原子化的音视频技术和网络基础设施；二是中间层的基于音视频场景的组件化作业中台；三是前端面向客户和银行的音视频接入渠道。此外，在核心的中台技术能力方面，需要包括底层技术、基础设施、组件化能力、行业理解、落地实施等方面在内的综合性能力。腾讯云在音视频中台能力架构方面，提供平台能力、组件化能力和场景连接能力的集合，帮助金融行业快速接入、无缝使用，同时又能做到安全合规。

在音视频通道的建设上，腾讯云提供金融专属音视频通道加私有音视频通道的混合云部署架构，以满足银行复杂业务场景需求和监管的安全要求。通过一套中台，同时支持客户从移动端发起呼叫远程办理业务，也支持通过内网在机具端发起呼叫办理业务，并可实现多人协同业务办理，金融场景下工作效率及客户体验同步提升。

音视频金融业务的支撑能力

要支持复杂音视频业务场景，音视频平台至少应该具备4个方面的能力。

第一，要有全渠道接入、全终端兼容性、安全性能力以及信创支持的能力。

第二，要有支持全终端的座席端应用与SDK，支持开箱即用，还要提供灵活的被集成模式，支持行内现有系统灵活集成的能力。

第三，要有强大的音视频组件化支撑能力，还要有面向业务场景的功能组件能力，支持应用商店式快速部署的能力。

第四，要有基于组件快速拼装的流程编排工具用于视频交易应用的全生命周期管理，并且支持通过拖曳的形式快速上线业务场景。在这样的能力闭环下，腾讯云当前面向银行不同业务条线，已经有超过 200+ 的业务落地场景，是金融行业数字化转型的强力小助手。

场景创新与实践分享

腾讯云在金融行业场景创新方面，有着丰富的实践经验可以分享，而在新时代下，视频业务发展迅猛，“无接触”式服务得到了客户与用户的广泛认可。业务视频化一般分为短视频和长视频两种模式，短视频模式一般是在原来的业务流中嵌入视频环节，客户自助处理业务，在过程的某个环节中接入视频验证；而长视频模式更像是在网点柜面办理业务，先接通视频，然后在视频过程中，完成业务的办理。这两种模式在当前的银行业务场景中都有非常多的使用案例。

具体到实际的业务场景中，我们已经有了不少业务实践场景示例，如远程视频柜面业务办理能力、云营销洽谈间－营销专用视频会议能力、面向普惠金融场景的远程信贷服务能力、“自助双录＋数字人智能双录”等多样化的创新场景，帮助金融行业满足在视频场景下不断创新的需求。

基于腾讯云多年积累的实时通信技术能力，我们也可以为各大银行的创新型业务赋能。在金融行业如火如荼的建设过程中，我们相信未来一定会出现更多新的场景与模式，腾讯云希望与合作伙伴一起，助力我国金融行业数字化转型走向更远的新时代。

小结

基于腾讯多年在社交领域积累的技术能力，腾讯有多种核心技术能力都可为金融行业数字化建设提供有力支撑。本节着重介绍了实时通信技术在金融领域的应用场景，以及金融音视频中台的建设蓝图。

↘ 腾讯云赋能伙伴，打造金融新生态

腾讯云金融生态合作总监 张绪源

在金融行业，腾讯云对金融底层的 IaaS 和 PaaS 平台建设，是以腾讯内部

的积累和框架输出为主，同时在科技服务上腾讯也沉淀了一些能力，但是在银行、互联网金融、保险和资管领域，腾讯云需要通过更多样化的能力，来加深对行业和业务的理解。

在与金融企业合作的过程中，腾讯云始终将合作伙伴分为生态，而非渠道。腾讯云希望能够与合作伙伴一起，打造一种新的行业生态。什么是新生态呢？就是腾讯云跟合作伙伴之间的能力补齐，合作伙伴对金融业务的理解加上腾讯云对互联网的理解，将共同造就很多机构所需要的新能力。

合作伙伴的全方位权益

在金融行业，腾讯云近年来与多家国有大行、股份制银行代表以及众多中小型金融机构、保险、券商等构建起了良好的合作关系。而腾讯也依托于自身能力给予了合作伙伴全方位的权益支撑，这些权益分成七大部分。

- 资本合作策略。腾讯内部有一个战略投资体系，以三大工具平台（腾讯产业孵化器、人工智能与 SaaS 产品、地方云启产业基地）为支撑，提供资源、技术、资本扶持。
- 内部生态连接。帮助合作伙伴连接腾讯集团内部与腾讯系百万客户，做到你中有我，我中有你。
- 合作伙伴分成新生态。这是对行业补齐能力、基于腾讯云的能力进行技术开发、产品打造、解决方案分成和云资源分润等。
- 展示核心解决方案。针对核心的解决方案，提供腾讯云官网展示平台。
- 全方位的市场资源。在市场计划方面，腾讯云可以提供全方位的市场资源，从线上、线下到联合开发兼容并包。
- 联合创新实验室。以虚拟资源池的形式把合作伙伴的应用运行起来、做测试，加速合作伙伴的应用优化，通过产品引入或服务分包来做一些共建，并输出统一的联合解决方案或联合开发产品给客户。
- 培训环境。给合作伙伴提供培训环境，赋能伙伴关于数字化和云的转型。

行业伙伴合作模式

如前所述，生态型合作伙伴应该是能力补齐型的。合作伙伴可以基于腾讯公有云或专有云能力进行技术开发，联合打造产品；在服务领域，腾讯也可以借助云服务商的能力落地到客户的“最后一公里”，实现设计、迁移、运维等保障服务。截至 2021 年，已经有 200 多个重要的合作伙伴与腾讯云进行行业能力的补齐，协同提供服务及咨询。

我们与行业合作伙伴的合作模式主要有 3 种：第一种是云市场上架，依托腾讯云的云市场，帮助给合作伙伴的产品进行推广、曝光；第二种是提供行业解决方案，例如我们发现银行或金融机构用“云的模式 + 应用”特别合适，就会将其形成行业的解决方案提供给客户；第三种是联合开发产品合作，这需要双方共同对业务模式进行探讨和创新，最终为金融机构实现端到端的交付能力。

对于合作伙伴之间的合作，我们有市场匹配的资源支持——“腾讯云营销加乘计划”，在这个计划中，我们会提供四大模块的支持，首先，腾讯自己的合作伙伴大会会邀请更多合作伙伴一起参与，即“大会互赞”；其次，腾讯会协助合作伙伴进行媒体、广告渠道的联合投放，即“媒体联投”；再次，腾讯会组织很多合作伙伴的客户一起与腾讯进行专题活动，通过“走进腾讯云”，加深合作伙伴对腾讯的了解；最后，腾讯会给合作伙伴在当地做的一些沙龙和分享提供力所能及的帮助，携手“小会合办”。

小结

数字化转型，从来都是“欲速则不达”的工作。因为腾讯坚信“独行者速，众行者远”，数字化转型建设绝不是一家企业能够独立完成的，所以腾讯也非常注重在数字化建设过程中与合作伙伴的合作。本节就从这一点出发，详细介绍了腾讯的合作伙伴权益与合作模式。

第 4 章　金融行业热点话题洞见

本章将从政策规定、历史沿革、实际落地、技术发展等多个角度，对金融行业的数字化建设进行了详尽的分析与介绍。但在实际操作中，作为行业的资深从业者，相信读者仍存在或多或少的疑惑。为此，我们从转型工作感悟、遇到的棘手难题以及行业发展未来3个方面，结合本书几位联合作者的工作经验，进行解惑答疑，希望能为读者带来新的思考。

↘ 受访嘉宾

龙盈智达（北京）科技有限公司首席数据科学家、
腾讯云 TVP 行业大使　王彦博
道富银行董事总经理、腾讯云 TVP 行业大使　李卓
腾讯云金融云战略运营总监　吴悦宁

在从业过程中，对金融数字化建设有哪些新的感悟

吴悦宁　我主要从乙方服务的视角谈谈金融机构数字化转型规划的问题。数字化转型规划主要包括 3 点：首先，它是跟业务战略齐平的规划和手段，需要业务部门参与，否则很难真正最后落地和成功；其次，在规划过程中必须要在全行达成一致目标，更多的是要以自上而下的方式来推动，也就是所谓的“一把手”工程；最后，在进行数字化的过程中，无论是平台转型，还是模式转型，都是一个长期的过程，并不是一个短期的平台就能够支撑的，需要有相应的组织来承接。整个规划的内容都是非常重要且需要考量的点。

李卓 从我自身经历来看主要可以归纳为两点：第一，数字化转型其实是业务转型，不是技术转型，其主导的是业务，若转型业务没有设计愿景、规划，那么它将无法落地；第二，数字化转型落地成功的案例，基本上都采用的是自上而下的过程。

自上而下有两个作用：第一是能够在组织里面形成统一的认识，以设定团队的愿景和目标；第二是可以实现全局优化，只有从全局去看整个运营模式和业务生态，才能找到能够转型的点，真正形成一个整体的联动。

王彦博 银行数字化转型是要有动作和步骤的。每家金融机构的情况都不同，应该先走哪一步，可能都不一样。但不论哪家金融机构，在金融数字化转型过程中都需要思考以下几个平衡：技术与业务的平衡、内部与外部的平衡、发展与安全的平衡、近期与远期的平衡。

当前新技术层出不穷，如区块链、物联网、隐私计算、强化学习、数字孪生、人工智能大模型、量子科技、光子科技等，新技术的组合可能会生成新的技术应用。因此，银行金融科技和数字化转型一定要下定决心、面向创新、坚定信念、充分思考、深入研发，脚踏实地推进其走深向实。

银行数字化转型过程中，还存在哪些棘手难题

王彦博 人才问题最为关键，我们希望在金融机构工作的年轻人，不管是身处技术条线、业务条线，还是身处管理条线，都要沉下心来，深耕自身领域，跨条线横向发展。年轻人在金融机构里完全可以给自己做一个长期规划。

未来人才的基因里需要有1/3的科技、1/3的业务和1/3的管理，才能带领银行金融科技团队把数字化转型的事情做好。

李卓 要突破现阶段企业金融数字化的种种难点，最根本的还是人的问题。在企业的最高层确立转型的战略后，真正要把战略落到一线，其实非常考验IT团队和业务团队之间的合作能力。国内很多银行的目标是向综合性银行方向发展，既要有面向C端用户的业务也要有面向B端用户的业务，更多是靠专业能力或者服务真正落实到系统中，然后输出给客户，这最需要IT团队长时间的积累，真正横跨两边，明白客户的需求和问题。

亚太应用全球定价模式便是典型例证。我们在亚太有几万个账户，半年下

来，对两个团队，我们基本上从头跟到尾，我们只有走到第一线才能听到运营团队遇到的问题，才能明白代码出现的问题对他们造成的后果有多严重。我始终相信，10 年前，我们最早的 IT 转型把敏捷方法论引入我们的日常工作，不仅影响了 IT 团队和业务团队，而且改变了 IT 团队和业务团队之间的关系，这对我们后续进行金融数字化转型非常有帮助。

您心中的银行业数字化发展的未来是怎样的

吴悦宁　整个社会数字化水平全面提升后，银行将会被解构，融入我们日常生活。未来，第一就是全场景，第二是全连接，在多数场景下都需要金融服务，我们都可以提供更多的金融服务。第三是智能或者自动化，银行可以变成“人＋机器”，人机更好地互动和合作的未来的一种银行模式。

李卓　金融是整个社会经济活动的润滑剂，我预见，随着数字化的发展，金融会融入整个社会的各个角落，提升整个社会的经济效益和社会效益。

王彦博　首先，科技的发展是不可逆的，所以一定要积极拥抱它。其次，人工智能时代的到来，可能会给人类一些冲击和挑战，但是发展人工智能的初心是对人类四肢、五官、大脑的边界进行无限拓展，金融也在数字化、智能化、信息化发展中变得更有温度，从而给人类社会带来更好的发展。

顺应科技发展的趋势，将智能应用到金融服务中，让金融服务融入社会的方方面面，从而实现全场景、全渠道的智能服务和客户体验升级，达到智慧金融的发展目标。

第二篇　智能制造篇

近年来，工业的数字化已经逐渐进入深水区。新技术不断涌现，生产要素已从土地资源、劳动力、资金等传统要素，转变为以数据流通为核心的新型生产要素，工业生产方式也在随之发生转变。随着“数字经济时代”的到来，数据要素已经成为经济发展的新引擎，工业互联网也迎来了新一轮的历史发展机遇。同时，依托国内经济“脱虚向实”，以及“新基建”的政策东风，未来的工业一定会迎来新一轮的高速增长。

人工智能、大数据、云计算、5G、区块链，在层出不穷的新技术与新场景加持下，工业互联网的下一个发展快车道在哪里？产业升级的下一个推手又会在何处出现？作为牵连众多行业的制造业，本篇将从工业互联网平台建设出发，逐层讲解智能制造的数字化方法论。

第5章 工业与产业互联网

本章将从国内外工业互联网平台建设现状、工业互联网平台优质技术选型以及工业互联网建设技术关键点等方向入手，为读者解答工业数字化建设要点，擘画未来工业互联网建设蓝图。

↘ 工业互联网——网络是基础，平台是核心

中国信通信院信息与工业化融合研究所工业互联网平台部主任、
腾讯云 TVP 行业大使 田洪川

近年来，工业互联网获得了极高的关注度，无论是国家政策的支持，还是产业界的创新实践，都在从多个方面，提升我国的工业互联网建设水平。而提到工业互联网，一直有一个说法——“网络是基础、平台是核心、安全是保障”，工业互联网平台建设是其核心环节。

在现阶段，制造业多样化的转型需求与信息技术的加速渗透，共同催生出工业互联网平台。海量工业数据的涌现，必然需要平台化的 IT 工具去对数据进行分析处理。同时，平台可以承载更为灵活的应用软件开发支持，这也是平台化最大的优势之一。在本节，我们将通过国内外工业互联网平台的建设现状，分析下一阶段我国的工业互联网平台建设该向何处发展。

工业互联网平台内涵

什么是工业互联网平台？工业互联网平台是针对制造业数字化、网络化和

智能化的需求，所构建起的基于海量数据采集、汇聚和分析的服务体系，是能够有效支撑制造资源泛在连接、弹性供给和高效配置的载体。

通过定义，我们可以总结出工业互联网平台应该具有的四大典型特征。

- 泛在连接。工业互联网平台应具备对设备、软件、人员等各类生产要素数据的全面采集能力，同时也应具备基于标准和协议的数据互通能力，互联与互通都是很重要的方面。
- 云化服务。能够实现基于云计算架构的海量工业数据清洗、存储、管理和计算，灵活配置 IT 资源。
- 知识积累。能够提供基于工业知识和机理的数据分析能力，并实现知识的固化、积累和复用。
- 应用创新。能够调用平台功能及资源，提供开放的工业 App 开发环境，实现工业 App 创新应用。

国外工业互联网平台类型

就目前来看，工业互联网平台的发展仍处在早期，全球工业互联网平台市场规模仍具有很大的增长潜力。同时，国际竞争格局还未完全固化，我国工业互联网企业，处在一个发展的重要窗口期，具备很大的发展前景。

现阶段，国外工业互联网平台的发展路径大体上遵循软件的发展路径来设计，强调以技术创新为驱动，平台的发展是要把传统的、现有的工业软件逐渐解耦，在平台中部署，以此模式去推动它的发展。综合来看，国际范围内常见的工业互联网平台主要有 4 种类型。

- 垂直行业应用平台。这类平台凭借多年的行业模型积累，致力于开发垂直领域的行业应用，强调怎么更好地通过解决方案把产品落在行业高价值用户身上。未来，会将成熟的工业互联网平台与人工智能、数字孪生等更多技术相结合，打造更高价值的应用，逐渐优化、升级已有的平台产品。
- 通用业务创新平台。这类平台不强调行业属性，往往是通过打造一个通用的、强有力的软件产品，不断强化技术能力与平台优势。未来，将通用化的产品平台转变为标准化的服务。

- 全链条综合服务平台。这类平台围绕着专业领域不断补齐从底层数据连接到上层应用开发的全链条能力，以打造一个全链条综合服务平台。未来，由于通过不同软件的集成，它可以向着链条内的多个方向去深度布局，并强化它的应用服务能力。
- 通用IT赋能平台。这类平台的产品原型最早是IaaS、PaaS等。未来，随着技术水平的提升，会不断重现对底层数据接入能力和上层生态的构建。

国内工业互联网平台特色

全球范围面临的工业状况是相似的。虽然国内外企业在技术能力和技术投入上还存在差距，但是我国有一个很大的优势，就是拥有体量巨大、需求繁多的工业市场。因此，我国的工业互联网平台建设也具备其独特性。目前，在国内已经形成了行业高价值用户和中小企业共性服务两类平台路径，未来需要持续贴近市场，在应用中开放平台能力，打通所需产业资源，实现平台创新与推广。

从落地情况来看，目前我国大型企业具备较好的数字化基础，能够借助工业互联网平台提升数字化分析决策能力，通过“特定场景+工业大数据”的深度分析模型，以及多环节集成与协同优化，全面布局高价值应用；而对于更多的中小企业来说，则更倾向于通过云平台，借助其低成本的信息化应用，获取企业发展的关键资源。两种不同的发展模式各有利弊，应该根据企业需求与实际情况按需选择。

另外，经过多年的发展，我国已形成完备的消费互联网市场。很多工业互联网平台其实也可以参照消费互联网进行建设。例如，可以使用“流量思维”去扩大规模，通过引入足够多的流量来形成规模效应，吸引更多的第三方入驻，不断地迭代，并在此过程中打造比较强的服务能力。

之后，可以围绕高价值用户进行变现，推出创新型产品。不断地去挖掘高价值用户的需求，并持续推出一些新产品，深耕高价值领域，以实现平台的发展。无论我国的工业互联网平台型企业选择何种发展模式，其中最关键的两点在于打通供需渠道与提供优质的服务，只有这两者协同发展，才能真正实现可持续发展的工业互联网平台型商业模式。

小结

作为覆盖企业众多、涉及人员体量庞大的行业代表，工业互联网的建设不是单个企业能够独立完成的。要想完成工业的数字化，建设一个高屋建瓴的工业互联网平台势在必行。本节从宏观角度对国内外工业互联网平台建设的现状进行了分析，提出了我国工业互联网平台独有的特点，并对我国工业互联网平台的未来进行了展望与思考。

↘ “5G+ 工业互联网 SCADA”助力企业高效协同运营管理

凌犀物联董事长、腾讯云 TVP 行业大使　万能

我国作为制造业大国，工业市场极其庞大，但随着技术升级，我国制造业数字化程度低，数字化建设方向不清晰等问题也随之浮现。本节将介绍作为一个工业企业，应该如何搭建起一个高效的工业互联网平台，并介绍工业互联网的本质是什么。

工业互联网场景驱动

任何企业在做工业互联网之前，都需要先明确工业互联网的需求是什么。这个答案很简单：工业互联网应该是以应用为核心，通过场景驱动的。更具体而言，是通过运营管理的价值驱动，最终提高运营效率的。可以这么理解，通过制造执行系统（manufacturing execution system，MES）虽然能够完成管理流程、管理行为的信息化，但是完成这个管理流程信息化的价值是有限的，更大的价值在于通过信息化运营管理所带来的数据闭环驱动企业的持续改善。

但在国内的数字化实践中，很多企业使用MES后能够通过数据闭环驱动企业持续改善的案例非常少，其中有两个原因，首先是企业更注重技术，却不注重运营的管理价值，过于关注技术多样性和架构的复杂性；其次是很多企业更注重软件，而不注重硬件配套。

实际上，工业互联网的发展，应该是一个协同发展的过程，通过技术与运营的融合、软硬件的统合，建立数据闭环，最终实现“物料‘零’库存”，提升产品周转率，降低差错率；通过“过程‘零’等待”，驱动人成为自动化执行终端，提升企业沟通效率；通过“质量‘零’缺陷”，对每个节点建立质量档案，完善质量问题追溯机制。这将是工业互联网建设的最终目标，将工业互联网打造成由运营效率驱动的管理工具是工业互联网的最大价值所在。

工业互联网矛盾与挑战

当从管理角度看工业互联网发展前景的时候，我们就会发现这条路困难重重。总结下来，关键在于两大主要矛盾与五大关键挑战。

两大主要矛盾是指，个性化需求与工业互联网服务商标准化供给之间的矛盾和全场景功能、全栈式技术需求与碎片化供应之间的矛盾。

要有效地解决这两大主要矛盾，需要通过技术手段逐层搭建解决方案，具体分为4个步骤：第一步是搭建与业务无关的底层技术平台，通过可复用的架构与技术解决全栈式技术需求的供给问题，例如通过5G确定性网络解决企业连接性能需求等；第二步是建立与应用相关的共性技术，如操作系统、数据库、MES等；第三步需要通过微服务、功能组件搭建起满足特定行业需要的共性需求，赋能更多领域；第四步是在上述基础上，建立起针对客户需求的定制化开发。通过以上4个步骤，将有效解决目前行业存在的主要矛盾。

除两大主要矛盾外，现在的工业互联网行业中，还面临五大关键挑战。

- 投资大。工业企业实施数字化转型的传统模式需要比较大的启动投入，这对很多中小企业来说难以负担。
- 周期长。传统模式下，一个数字化工厂从规划、设计、部署、导入至少需要半年。

- 难上手。传统的 MES 需要配备专业的系统维护人员，增加现场人员的工作量。
- 没效果。传统的 MES 部署上线后，作为一套管理工具，没有量化的运营管理数据指标，难以评估实际价值，总投资收益率（return on investment，ROI）难以衡量。
- 数据安全。对于生产运营管理系统，数据不出厂是每一个工业企业用户的核心诉求。如何保证数据安全将是一个重要的课题。

5G+ 工业互联网 SCADA

针对以上主要矛盾与挑战，我们提出了“5G+ 工业互联网 SCADA”，这是基于新一代信息技术的新基础设施。SCADA（Supervisory Control And Data Acquisition）是在工业领域中应用最为广泛的数据采集与监视控制系统。这不是一个具体的产品和系统，而是一个概念的新形式。

在图 5-1 中，左边是 5G 的网络底层设施，工程信息从 5G 的终端到基站接入、传输，在到达核心网后，再经过用户端口返回来。其中对应的工业设备、工业网络，SCADA 完全可以用现在新的产品、新的技术去满足它，最后形成一个完善的 SCADA 模式车间服务系统。

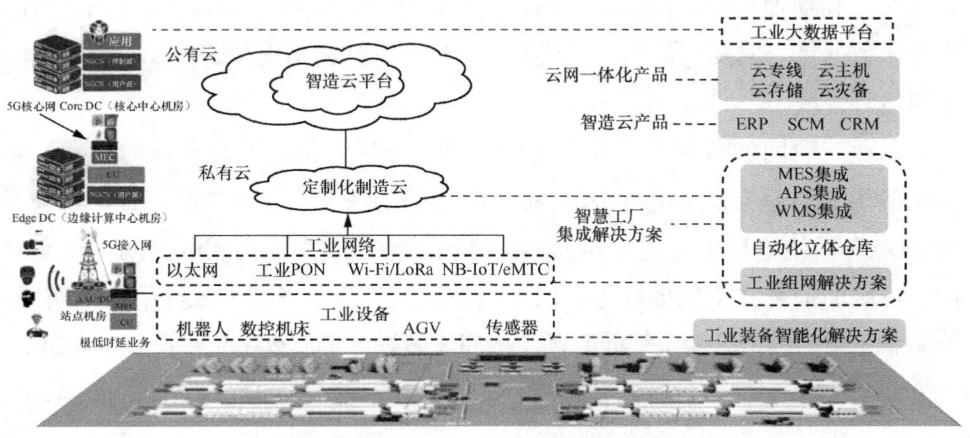

图 5-1　SCADA 模式车间服务系统

基于数字孪生技术搭建五位生产闭环模型，如图 5-2 所示。

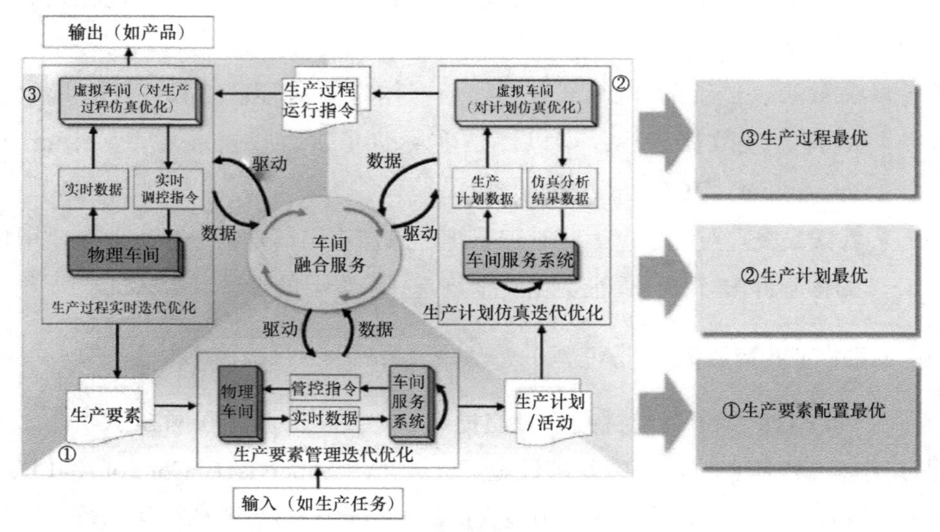

图 5-2 五位生产闭环模型

在这个闭环模型中，物理车间模型、虚拟车间模型、连接模型、数字孪生数据模型、服务模型构建起完整的生产闭环。可以说，这套“5G+ 工业互联网 SCADA”系统，本质上就是一个数字孪生系统。此时，当我们输出一个生产要素，在物理车间进行生产的时候，物理车间下达指令，形成数据闭环，使得虚拟车间和物理车间做同样的事情，在产品售出的同时，实现了数据的留存。产品和数据将变成两个资产，产品是实物资产，数据是虚拟资产，实现高效的生产运营管理。

工业互联网的目标是“让正确的数据、正确的信息，在正确的时间，以正确的方式，呈现给正确的人，辅助做正确的决策”，而“5G+ 工业互联网 SCADA”系统本质上在技术层面做的事情就是这 5 点：正确的时间在于实时性，正确的信息在于数据处理，以正确的方式呈现给正确的人属于安全问题，辅助做正确的决策是人工智能问题。把底座做好，将使数字化建设事半功倍。

小结

本节从工业互联网“场景驱动”的特点出发，重点分析了目前工业互联网建设过程中存在的矛盾与挑战，还依托作者多年的行业实践经验提出了基于 SCADA 技术的新型工业互联网建设方案。

↘ 工业数字化：自主可控与开源协作

熹乐科技 CTO、中轻工业互联网总经理、腾讯云 TVP 行业大使　范维肖

最近几年，非常热的一个词是"自主可控"，如果将视角落到工业环境中，"自主可控"同样发生于技术与工业的融合中。接下来，我将介绍工业互联网领域的技术发展现状；作为支撑工业互联网发展的关键技术，物联网与边缘计算发展要点都有哪些；该如何通过开源协同的方式摆脱自身技术限制，以获得更多的发展。

工业物联网技术发展现状

近年来，我们在技术自主研发上的脚步逐渐加快。物联网作为未来科技发展的关键技术，其发展受到了越来越多的关注。2021 年，彭博社的一次专访中谈到，未来的物联网发展，将是我国在寻找的一个新的经济增长点。

他们谈到，预计未来 10 年，我国在物联网领域的建设投资将达到 270 亿美元，总市场规模将发展至 1200 亿美元，形成一个庞大而专业的市场。而在其中，芯片、实时计算、消费电子是重点发展的三大领域。

基于低时延计算的技术背景，我们对国内物联网与低时延计算未来的发展充满了信心。据 2020 年，德勤出具的《中国制造业工业物联网应用调查》报告显示，国内 89% 的企业在未来 5 年有工业物联网的发展规划，他们赞同工业物联网对企业转型的改变，其中已经有 72% 的企业在一定程度上展开了工业物联网应用探索，有 46% 的企业只有想法，还没有详细的规划思路。这些企业未来也都会开始迈向工业物联网的探索。

未来虽美好，但有很多事情是短期内仍无法改变的。例如，在技术上，未来我们一定会完成大部分关键技术的自主可控，但在现阶段，我们不得不承认的是，在日常所使用的技术中，80% 以上的底层技术仍是海外的。我们应该如

何顺利完成自主可控的工业物联网的建设呢？关键在于思想的转变与开源技术的应用。

改变思想，解决断层难题

系统化地建设工业物联网的关键点在于行业生态的构建，其中最重要的是解决三大断层问题。

- *市场和认知的断层*。今天大部分的工业企业都已经认识到了技术的重要性，很多企业开始主动寻找数字化转型的方案与方向。但就目前而言，很多企业仍处在数据应用的感知阶段而非行动阶段；大部分企业利用采集到的数据解释历史表现的规律和根本原因，而非将数据用于预测性分析以支持决策，应该如何更好地适应快速变化的现代商业环境呢？关键在于不断提高数据的可用性和增加更多传感器的使用。仅仅解释过去发生了什么，再做出延迟的反应，是不够的，未来的企业必须在事件发生之前就进行预测并采取行动。解决市场与企业认知之间的断层，是企业能够借助数字化实现高速发展的关键。
- *互联网和工业产品思维的断层*。在当今时代，大数据和人工智能都是互联网行业中不再新鲜的技术，在工业中其使用也非常普遍，但大部分工业企业无法顺畅使用这些技术，其根源是其在产品思维的转变上做得还不够。商品与产品完全不同，如果将关注重点仅仅放在供应链优化等生产思路上，是远远不够的，还应该从消费者角度出发，将自身优势转化为产品优势，实现收益增长。与腾讯云合作可以把更多的消费市场洞察能力传给企业，这样能够带给企业更大的价值。
- *创新与资本结构的断层*。工业和物联网都是一个大规模、长周期的商业赛道，自然需要长期、稳定的投资环境。但今天在国内的二级市场上仍然没有一个很好的科技公司能提供良好的生态。这样就会使得领域内的创新、创业存在很大的问题，要想再探索一个深层技术，没有大量的投资是难以实现的。所以眼下只有靠自主，通过一些小的创新，自主提升技术水平来推动行业发展。

开源协同助力工业数字化

在了解了三大断层难题后，我们可以看出，企业级服务市场本身就是一个复杂的市场，需要的是开源协同，汇聚行业内所有专家的力量。开源，是一种协作方式，开源追求的是全行业的合作和共赢。开源是“反脆弱性”的，即在今天的结构下，当大家不能很好地展开合作时，如何去解决这种脆弱性的问题所使用的一种方式。这也正是开源的优势所在。我们希望大家一起共建生态，共同应对当前社会和未来 10 年的格局变化，把传统产业、行业技能、前沿技术融合起来，共同服务一些中型和大型的客户，尤其是在产业集群的整体数字化转型领域，助力全行业生态稳步发展。

小结

本节从技术视角出发，着重探讨了目前工业互联网建设过程中存在的技术难点与发展不顺畅的原因，并提出目前工业互联网发展中存在的三大断层问题。而能够真正有效解决这几个问题的关键在于工业互联网建设思想的转变和“开源技术”的应用。只有转变思想、构建开源生态，并通过开源技术打通工业互联网建设的技术节点，才能实现高效发展。

第6章 智慧赋能制造业

本章将从腾讯架构变革讲起，总结腾讯对工业互联网的思考，以及在工业互联网领域深耕多年沉淀的方法论。

↘ 互联网科技企业如何拥抱工业互联网

腾讯云智能制造总经理　梁定安

2018年，腾讯做了一次很重要的组织架构调整，成立了云与智慧产业事业群，当时提出了“用户为本，科技向善”；2021年，腾讯在此基础上成立了一个全新的事业群，提出“可持续的社会价值的创造”。正是在进入整个工业互联网赛道后，腾讯发现，如果只是抱着商业目的去构建整个平台，很难创造出更大的社会价值。自此，腾讯确立了未来发展的两大战略：第一大战略是深耕消费互联网，第二大战略是拥抱产业互联网。这是产业发展的必然选择，腾讯希望把过去在C端积累的“ABC”（人工智能、大数据、云计算）的能力，更好地运用于支持制造业企业抓住整个国家工业4.0战略转型的时机，真正帮助我国实现从制造大国到制造强国的转变。

腾讯服务制造业数字化转型的三大优势

腾讯云将腾讯的技术与生态资源以最优的方式组合在一起，并以云作为统一出口，服务各行各业的数字化转型。硬核数字技术、C端能力B端化与跨界创新实践构成了腾讯服务制造业数字化的基础能力模型，也是腾讯服务制造业数字化转型的三大优势。

（1）硬核数字技术。

数字技术领域本就人才密集、资金密集和技术密集，需要长期、持续性投入。腾讯自研的云计算、大数据、人工智能、安全、区块链、音视频等技术都是来自过去 20 年在服务消费互联网服务 14 亿 C 端用户过程中的积累。如今，这些数字技术能力正在向各产业大量溢出，成为产业数字新基建的底座。

（2）C 端能力 B 端化。

腾讯是一家由服务消费互联网转型服务产业互联网的企业，C 端能力 B 端化是腾讯的先天优势。

- 连接能力 B 端化。腾讯拥有包括微信、腾讯会议在内的众多连接工具。这些服务 C 端的连接工具一旦与不同行业或场景结合，便呈现出很强的 B 端特征。例如，微信与企业微信的连接可加强企业上下游供应链协同能力；企业微信平台可以充当移动工业应用的统一门户；腾讯二维码技术可用于设备维修管理；腾讯会议与无人机、AR 连接可用于工地无人巡检或远程维修。实践证明，上述 C 端连接工具同样擅长连接 B 端场景，无论是连接人、事还是物，系统还是机器。
- 技术能力 B 端化。腾讯用于服务 C 端的技术同样可以服务好 B 端。例如，腾讯游戏研发用到的游戏引擎、渲染技术可以成为构建数字孪生技术的核心工具；无人矿车解决方案的核心技术是腾讯服务 C 端用户所积累的音视频通信技术；地图高精定位能力可以辅助工程人员对风电塔、输电塔等设施进行精准的选址规划和勘测施工；腾讯优图实验室的计算机视觉技术已经大量应用在 B 端场景。目前，腾讯仅将一小部分的 C 端技术用到了 B 端，还有大量 C 端技术有待输出。
- 生态资源 B 端化。腾讯在 C 端的 SaaS 生态有约 9000 家合作伙伴，上百万的开发者在跟随腾讯向产业互联网转型，共同构建产业互联网领域的生态共同体。

（3）跨界创新实践。跨界正成为数字化创新的一种新常态。腾讯服务过众多制造业企业用户，其中很多便是采用来自腾讯跨行业积累的解决方案和最佳实践。例如，应用在智慧楼宇的物联网操作系统可用于透明工厂建设；城市便民服务平台方案可用于实现企业的组织管理与员工赋能；新零售方案与最佳实践正在被工程机械企业广泛采用；腾讯智慧交通的地图能力已经广泛应用在智慧工地管理领域；以往多用在智慧城市与安防的图像识别技术，其底层算法能力同样可以应用在工业园区与车间管理上；腾讯在金融领域的数据安全能力、金融风控模型均可迁移到不同的行业与场景。

助力制造业做好数字化转型

提到数字化，我们往往习惯将其具象化，更加关注转型的差异性。管理者更要具备抽象化能力，找到不同之中的相同之处、变化背后不变的东西。洞穿事物的底层逻辑，企业才能从容适应环境变化、增强战略定力。

腾讯对于数字化底层逻辑的理解是什么？腾讯过去几年参与的众多数字化转型项目，尽管转型场景、路径、所采用的技术各不相同，但是底层逻辑都是相通的，都是围绕连接效率、数据效率和决策效率开展转型工作。腾讯也在围绕这 3 件事服务好制造业的转型与创新。

- 连接效率。企业所有商业活动的本质都是一个又一个连接，“连接力”正成为企业间竞争的主战场。而充分利用数字技术的企业可以创造指数级的连接效率，并通过对连接方式的重新设计，获得新流程、新产品、新服务与新增长。腾讯于 2020 年底提出“全真互联”的理念，即连接一切、打通虚实。以云化、数字化的方式将人、事、物高效地连接在一起，打破时间、空间与物理上的边界。一旦企业做到全要素、全量连接，那么企业的运营模式、商业模式，乃至企业的内核都会发生结构性的改变。例如，如果轮胎生产企业成功将经销商、门店、最终用户以及设备以数字化的方式连接在一起，那么这家企业便不再是单纯的制造商，而是升级为平台服务商与用户运营商。企业的竞争逻辑、商业逻辑与生态逻辑也得。
- 数据流转效率。数据是核心生产要素早已成为企业共识，但企业在数字化上投入越多，数据孤岛、信息孤岛的问题反而越严重。这就导致分析、决策多是片面的、不充分的，且与其他部门的决策相矛盾的。以工程机械企业为例，用户数据与工程设备数据分别锁在营销部门与 IoT 部门的系统当中，形成信息茧房。但如果两者数据能够打通，将用户数据与其操作的工程设备数据相匹配，便可以生成更多洞察，进而转化为增值服务。例如，可以通过对工程设备数据的全面分析，反哺配件的自动化营销、预测性保养服务跟进，或是二次销售。在数字化时代，数据必须充分共享，不仅在组织内部共享，还要在组织外部共享。数据共享的范围越大，数据的变现能力就越强。为工业时代设计的 IT 系统多以单体方式存在，更擅长处理局部的、垂直领域的数据与信息问题，但这样的 IT 系统在海量、高并发、多源异构的数据面前有心无力。只有通过构建云化、IoT 化、中台化、SaaS 化的基础设施，才能打破数据的“围墙”，让数据得以在企业级、集团级，乃至产业层面充分流转，企业才可以更加准确地度量数据并从中获取信息。

- 决策效率。用“数据 + 算力 + 算法”驱动的智能决策取代经验决策，智能决策的意义在于尽量减少决策过程中人的参与，人参与得越少，决策才能更高频、更精准，决策成本也越低。微信每天需要服务 13 亿用户，但微信团队只有不到 5000 人，因为 99% 以上的决策都是由机器学习等算法独立完成。越是复杂的业务，企业越是需要引入大量的算法与模型，才能有效化解转型的复杂性，达到极致的运营效率。智能决策目前在工业领域还多是以单一场景落地，离形成工程化、规模化、群体化的智能决策还有很远的距离。未来的企业，无论是财务也好、营销也好、生产运营也好，决策流程中的所有环节都应由成百上千种算法来支持，并且实现站在全局视角的智能决策。智能决策的广度与深度决定了企业未来的核心竞争力，也放大了企业之间的能力差距。

连接、数据与决策就像红、黄、蓝三原色一样，相互组合可以形成无穷尽的创新。多数转型成功的企业，都是成功地将连接效率、数据效率与决策效率做到最优。

持续创新的腾讯云工业互联网解决方案

腾讯始终致力于在制造业数字化转型的进程中扮演数字化助手的角色，通过整体的解决方案帮助企业实现数字化转型。

腾讯于 2017 年推出 WeMake 工业互联网平台，并在 2020 年至 2022 年连续3年入选“国家级双跨平台”。WeMake工业互联网平台基于腾讯在云计算、大数据、人工智能、5G+实时音视频、数字孪生、企业微信企点等全方位的核心技术能力，将新一代信息技术与工业深度融合，充分发挥平台的连接能力，将人、事、物、企业、流程有效互联，打造全面连接的新型生产制造和服务体系，有力加快制造业数字化转型的步伐。截至2023年3月底，平台已服务超过61万家工业企业、连接的工业设备数达120万台、沉淀工业模型数量达5300个、开放3000多个工业App、拥有超过16万活跃开发者、覆盖22个工业子领域，如图6-1所示。

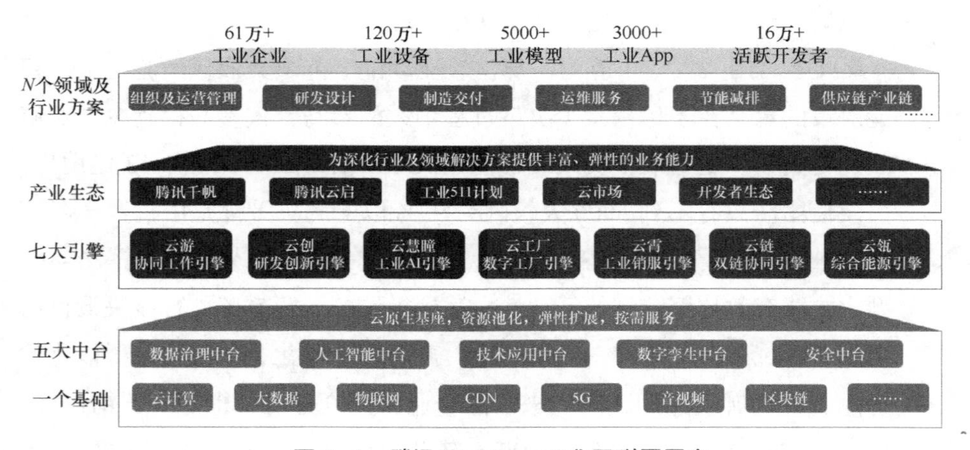

图6-1 腾讯WeMake工业互联网平台

近年来，腾讯工业互联网相关团队砥砺前行，矢志不渝地坚持“数实融合，加快制造业高质量发展”的使命，依托WeMake工业互联网平台，在数字化智能化集成应用、工业智能规模化、助力“双碳”“双链”、赋能“专精特新”及中小企业、安全可靠性，以及自主可控等方面均取得长足进展。

同时，WeMake工业互联网平台新升级的WeMake数字工厂“1+5+*N*”的产品解决方案帮助工业企业实现数字化升级，提升运营效率，为建立“用数据说话、用数据决策、用数据管理、用数据创新”的全新业务管理模式，实现基于数据的科学决策创造条件。基于数字工厂“1+5+*N*”解决方案，可以大大降低数字化转型门槛，提升数字化转型的效率，解决数字化转型的行业痛点。

分开来说就是，数字工厂操作系统（见图 6-2）由一个分布式容器云、五大 PaaS 工具平台，以及基于分布式容器云和五大 PaaS 工具平台搭建起的满足客户的 *N* 个场景应用组成，具体如下。

- 分布式容器云提供运行平台和应用底层的 IaaS 能力和中间件，可实现多工厂分级管控，具备工厂边缘自治和集团统一管控的能力，包含分布式云管平台、计算资源虚拟化管控、存储资源虚拟化管控、云原生 PaaS 中间件和数据库的能力。

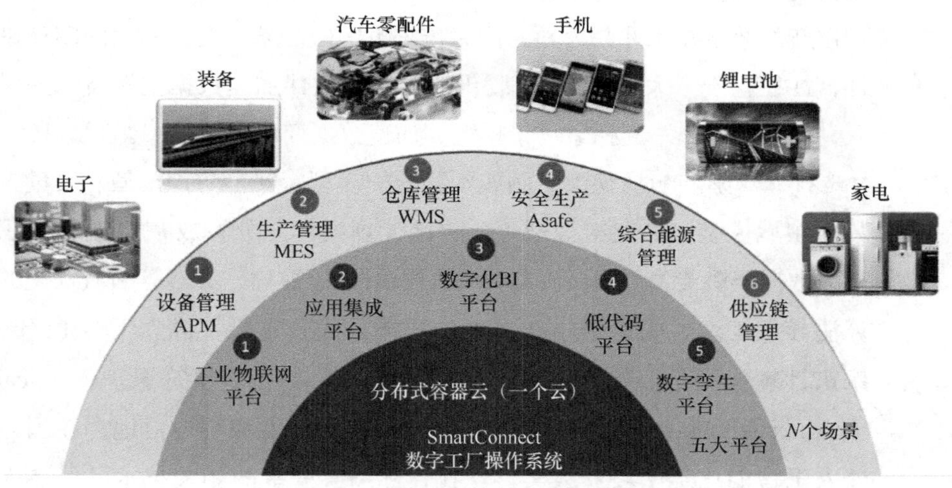

图 6–2　腾讯云数字工厂操作系统

- 五大 PaaS 工具平台包含工业物联网平台、应用集成平台、数字化 BI 平台、低代码平台和数字孪生平台。其中，工业物联网平台主要提供工业物联设备的数据采集、数据分析、资产建模和数据对外开放的能力；应用集成平台用于解决工业烟囱式应用之间的数据孤岛问题，统一收集应用数据的关键数据，让数据在应用之间流动起来，实现信息技术（IT）和运营技术（operation technology，OT）的数据融合。

腾讯云智能制造业数字化展望

数字化是一场波澜壮阔的变革，是护航实体产业“穿越风浪”的重要助手。作为数字技术领航者，腾讯一方面会不断探索前行，以数强实，筑牢实体经济发展的数字“新底座”；另一方面会不断丰富和拓展更多行业应用场景，用数一数二的“冠军应用”，助力实体经济诞生更多“产业冠军”。

下面是腾讯云服务工业企业的三大深化方向。

- 携手生态深入场景化应用。在垂直领域结合平台与生态，腾讯做好底层设备连接与操作用户连接工作，积极支持合作伙伴的场景应用整合，并在设备全生命周期管理、能源管理、安全生产、质量管理、工艺自动化等领域加强数字化新方案在客户侧落地的效率与降低探索成本。这些领域传统信息化覆盖本身不足，又面临线上化成本过高的问题，只有充分利用新的数字技术才易落地，同时传统方案缺少基于数据驱动的闭环设计，往往止于“大屏展示”，腾讯协同合作伙伴加速数据挖掘技术的引入，努力与客户一起探索场景模型，加速数据变现。
- 打造行业场景和领域模型。例如预测维护模型、安全防护模型、质量大数据领域模型、产业链模型等。腾讯计划继续充分释放在C端领域积累的数据模型能力，例如在融媒体的积累，把视觉、文本等领域领先的算法导入工业。腾讯很早布局人工智能，优图实验室成立于2012年，聚焦计算机视觉，专注人脸识别、图像识别、光学字符识别（optical character recognition，OCR）等领域开展技术研发和行业落地，在国内外人工智能比赛中屡获大奖。现在，优图实验室的相关技术已经在人工智能质检、人工智能视频工具、人脸识别、OCR等各方向落地工业，未来会在时间序列预测模型等方向落地加强探索，拉动数据挖掘的行业性迭代与推进。
- 持续探索人工智能大模型与工业场景的结合。ChatGPT已经证明大模型在多模态知识挖掘方向的巨大价值，而工业中最难也是最重要的根因分析、研发设计领域就是人基于知识的创造过程，提升探索效率本质上也是在对过往知识再挖掘的基础上寻找“创新点”。通过“人工智能大模型＋垂直领域数据再训练”，必然大大提升人员创新效率，进而大大加速科技和生产的发展。腾讯云已经开始与工业领军企业在工业领域深入落地场景的研究工作，如生产知识库应用、产品质量分析、围绕论文的研发效率提升等场景，后续会拉动专业业务合作伙伴推动更深入的研究与落地。

小结

工业是腾讯云最早服务的行业之一，腾讯有多年助力工业企业进行数字化的经验沉淀。本节基于腾讯多年的数字化建设方法论，依托腾讯 WeMake 工业互联网平台的实际场景应用，详细阐述了腾讯云与工业企业的关系，以及腾讯云服务制造业数字化转型的三大优势、底层逻辑及未来发展的展望。

第 7 章 制造业热点话题洞见

工业门类众多，涉及企业数量、种类庞杂。重工业与轻工业数字化建设模式不同，离散型企业与流程型企业的转型模式同样大相径庭。在本篇中，我们对工业互联网平台建设、关键技术融合等话题进行了深入探讨，但对深入行业实操的话题讨论得较浅。为此，本章包含 12 个行业热点话题，涉及技术、场景、应用等多个方面，也包含多个小门类工业产品数字化建设的细节，由多位企业资深专家进行深度讨论，希望能带给读者更多角度的思考。

受访嘉宾

招商局集团数字化中心云计算专家、技术处处长，腾讯云 TVP 行业大使　山金孝

积梦智能 CEO、腾讯云 TVP 行业大使　谢孟军

延锋汽车座椅 IT 总监、腾讯云 TVP 行业大使　丁炜

博华信智高级副总裁、腾讯云 TVP 行业大使　赵大力

凌犀物联董事长、腾讯云 TVP 行业大使　万能

中轻工业互联网总经理、腾讯云 TVP 行业大使　范维肖

中国食品发酵工业研究院部门副主任、腾讯云 TVP 行业大使　王健

腾讯云智能制造总经理　梁定安

什么是制造业企业的数据中台

谢孟军　工业互联网平台说到底就是数据平台，概念上有很多东西都可以创造，一个叫数据中台，一个叫工业互联网平台，可能过几天又叫智能中台。

其实对制造业企业来说，我们要说服客户最难的一点是什么？我觉得能够快速让他们试错，或者当他们有新业务进来的时候，信息化工具能够快速地支撑他们去做的东西，这是非常有用的。

值得一提的是，我们需要找到那个突破点在哪里。以汽车行业为例，我们以质量为切入点，因为质量是可以说清楚的，在日常的工作中很难解决信息化协同效率的问题，包括单点质量的问题，工业互联网平台可以提升质量。汽车行业使用的，其实就是制造业的质量数据中台，他把质量有关的所有数据全部集中到一起，包括生产过程中的质量以及供应链的质量，因为质量会牵涉很多数据，这些数据可能来自MES，可能来自ERP，也可能来自SQE管控系统，还有一些来自设备。

对制造业企业而言，他们理想的数据中台是从某个点切入，进而一步步演化。制造业企业要转型或者做自己的平台，需要把握两个十分容易的切入点，一个是质量，另一个是供应链。在做的过程中有一个大的规划，这个规划就是建立起工业互联网平台，再将质量与供应链等实体步骤抽象上去，并应用起来以便更好地服务业务部门。他们面向的东西在不断变化，怎么样应对这些变化就是中台需要支撑的。

当今时代下，制造业企业如何运用技术提升产品质量

梁定安　任何一个追求卓越的企业，其本意都不想拿本身质量有缺陷的产品卖给消费者，我们姑且可以认为企业的初衷和实际情况有所出入，事与愿违。对于企业而言，无非是要加强品质检测，提升产品质量。但是由于过去的检测手段不太成熟导致部分瑕疵品流入市场，鉴于此，我们要回溯生产本源，通过人工智能、大数据等方法找到生产过程亟待优化的点，从而提升产品的整体质量。

另外，从宏观角度来看，虽然我国制造业的规模很大，但是追求质量，转向质量强国才是赢得全球竞争力的最佳手段和本质。

制造业企业应该如何正确选云、上云、用云

山金孝　众所周知，上云是一个老生常谈的话题，但把上云与制造业相结合，倒是极为有趣且新颖。我非常认同谢孟军的观点，制造业是一个非常需要

精打细算且接地气的行业，相比云、大数据、人工智能等各种“高大上”的技术，中小制造业企业更关注投入1元钱能否产生2元钱的效益。

制造业上云的困难之处在于中小企业的上云。中小企业要上云主要考虑两个问题。一是成本，上云成本由谁来出，是否有政府补贴或者平台商补贴。二是安全性，不仅仅是中小制造企业，甚至国有大型制造业企业都非常关注上云的安全，这些企业很少考虑公有云，基本会以私有化的方式上云为主。

在如何选云方面，由于制造业的IT水平总体稍低，制造业可以选择更多成熟的商业产品——私有化产品。“私有云＋公有云”的混合云模式在解决制造业数据安全这方面给予了大多数企业最佳选择，这种模式可以把大家普遍认为较为敏感或安全性比较高的数据放在自己私有化的数据中心，把需要跟外部交互，或者无须脱敏的数据放到公有云上。

至于传统制造业如何上云，目前比较成熟的方案，主要包含以下几个方面。首先，需要评估传统IT现状和未来发展，考虑你的IT架构是否适合迁移上云以及迁移上云成本。上云不仅仅是简单地把传统应用搬到云上面去，而是需要结合自身实际情况加以更多考虑，例如，无状态上云可能更多会把一些无状态的应用放到云端去，而有状态的，制造业客户数据较为敏感，很少会把有状态的部分往云上迁。其次，在数据迁移上云过程中要注重数据安全问题，公有云不管是在技术上，还是在政策法规上都可以给你提供一个安全的环境，这是很多制造业企业关心的问题。

怎么用好云则是一个辩证的问题，因企业而异，同样的云可能一家企业用得比较好，换成其他企业有可能就会出现各种各样的问题。在我看来，制造业用云是三级云，是由边缘计算的边缘云、数据中心的私有云及公有云组成的三级云。对制造业来说，低时延、高可靠和数据预处理是他们的刚性需求，而边缘计算有非常刚性的需求和市场，这刚好解决了制造业所考虑的问题。另外，从私有云角度来看，很多制造业有传统内部的应用系统，基于各方面的考虑很难迁到公有云上去，这时私有云便是很好的过渡和解决方案。再者，从公有云角度来看，每家企业都要与外界交互，如何把公有云公共云服务资源用好也是制造业需要考虑的。

如何看待微服务在工业互联网领域的发展

丁炜　在我看来，这毋庸置疑需要结合当下的时代背景来看，微服务代表的是一个阶段，无论是 C 端的互联网企业，还是终端的制造业，它都意味着整个业务对 IT 的需求，业务的多样性已经发展到了一定的阶段，早已不再是以前传统的信息化建设所能支撑的。未来的业务需求将变得越来越复杂，整个企业都将随形势进行转型。

微服务在工业互联网或智能制造里的以下几个方面存在重要价值：首先是生命周期问题，微服务本身是具备快生、快死状态的技术架构体系，同时从 IT 应用的角度来看又是可以延长其部署的生命周期的。我们在做微服务的时候不能单纯从功能上来考虑，而需要更多地从整个架构的部署，包括公共服务的建设来落实。

工业互联网一定和工业特性相关联，越来越多的工业物联网应用场景会面向边缘计算和自动化领域，但是指挥这些设备的数据和算法又要进入数据平台，并运用一些数据技术来赋能，这样未来制造业的工厂架构会逐渐演进到“云”“边”结合的模式，微服务所代表的架构正好可以在边缘端实现解耦、轻量化和高复杂度。

谢孟军　最重要的一点在于，工业互联网可以利用 IT 工具快速帮助企业解决业务问题。鉴于所有企业都追求 ROI，我们应该通过工业互联网平台给企业提供工具，快速实现其想要的业务。在处理过程中，我们需要因地制宜，具体问题具体分析。针对小企业，我们需要工业互联网提供低代码或零代码方式来解决业务问题。而对于大型集团，在其信息化基础之上，怎么利用先进的信息技术（IT）和运营技术（operation technology，OT）支持才是工业互联网对于大型企业的价值所在。

在新时代下，我国制造业企业屡临窘境，但是全球制造业的发展不会因为任何区域的停工而停滞不前，数字化转型是企业之机遇，加快制造业数字化转型才是企业自救的“原料”。企业只有加快提升自身实力，方能突出重围，迎接新生。

您青睐的工业互联网平台是怎样的

赵大力　平台经济按照最新定义，是新一轮技术革命催生的全新生产关系。基于此视角，我比较看好，能够从全产业链的角度出发，团队有产业链的背景，从产业链出来，同时又有互联网背景的组织平台。例如，它依赖腾讯入股或者投资，能够解决基础技术平台的问题，偏重价值传递，解决全产业链效率提升问题的企业，而不是去解决垂直性问题的企业。

回顾消费互联网最初，国内的大型互联网企业都是解决了某一个具体的大众共性问题之后再衍生出新的内容，例如腾讯先解决沟通交流问题，诞生了QQ，然后围绕QQ搭建一个能够承载更多内容的平台，再做游戏和现在的腾讯云。

工业领域相对于消费领域的衣食住行门类更多，细分领域更广。其共性及最核心的问题应落在产供销、金融和信用的需求上。我们不应把重点放在数字孪生、边缘计算和工业人工智能等这些技术上，这并不是产业互联网，这些只是工业互联网痛点之一而已。真正解决全产业链问题的工业互联网平台才是有特色且正确的模式。中小企业解决一些垂直性问题主要依赖平台本身规模较大的工业互联网平台，如腾讯等，其他的核心问题是在价值链上解决价值流动，提高产供销价值流动的效率。

多品种小批量型制造业企业，如何利用工业互联网为企业经营管控赋能

丁炜 我一直在思索如何在多品种、小批量的离散型制造业，通过工业互联网和新的数据技术（data technology，DT）来创造价值。在我看来，首先我们要理解企业战略，熟悉企业所处的市场环境。众所周知，在制造业企业中的信息技术（IT）工作无非围绕着3个主题，一是客户，即市场占有率或者销售份额；二是成本，成本是所有制造业企业特别关注的问题；三是质量，质量是连接客户和成本的重要节点。

工业产品设备需要全天候保障安全性，必须严格把控质量。工业互联网比传统的MES或者其他数据采集工具更加直接，既能应对不同的新老设备，又能添加传感器挖掘更多的数据场景和价值。例如，通过设备利用率、人事费用率等一些直接成本和费用就能更加精细地洞察工厂情况；另外，重型设备运行保障和维护成本很高，其运行状态直接影响到车间生产节拍、产量和质量，工

业互联网结合设备数据监控和分析能有效提升这个方面的能力。

由于课题项目较大，计划排程和围绕材料费和人工费展开的数字孪生和数字化转型将是一个突破点。围绕设备使用的一些物联网，我们不需要拘泥于哪一种技术，或者一定要用哪一种工业互联平台，我更希望在我们了解企业的特性和痛点后，从财务驱动，找到与之相匹配的技术，为企业提供一个能够创造价值的解决方案。

您畅想中的工业互联网平台与热门技术的结合及应用场景是怎样的

万能　事实上，工业互联网是一个跨行业、跨领域的复合的技术应用，虽然它源于工业，但是到底应该怎么发展，究竟是工业从业者去掌握互联网技术，能把工业做得更好，还是由掌握互联网技术的人去做工业，能把工业做得更好，这是一个值得深思的问题。

当前热门的工业互联网主要有通信技术（communications technology，CT）和信息技术（IT），通信技术包含传统通信技术和 5G 技术等，信息技术包括边缘计算等，它通过与工业互联网技术相结合，能够提供一个更好的技术平台。但是真正为工业企业提供价值的更多的是跟运营技术（OT）结合。真正要把工业互联网和工业结合做好，提升工业工程（industrial engineering，IE）运转效率是一个非常重要的方面。例如，凌犀透明工厂除了用通信技术连接现场，用信息技术实现流程管控，更主要的是能帮助客户提升管理效率。制造业企业十分关心组织交付率和准时交付率（on-time delivery，OTD）等指标。在做产品设计和使用落地时，一定要体现客户运营的价值。不管是像腾讯这样的大平台，还是小的工业互联网供应商，都应该从用户价值的角度入手，回归到落地的价值，才是工业互联网技术和工业结合的正确路径。

如何看待工业互联网的安全形势

丁炜　安全问题来自多方面，首先包括传统意义上的信息安全领域，其中工控是一个必须正视的问题。随着技术的发展，来自 IT 部门和 OT 部门间的问题也会因为职能界限的模糊变得更加严重。

在众多企业中，工艺是企业的核心竞争力。自动化设备和 DT 搜索的结合会使工艺更加透明、易得，并且被共享。此时，工艺的特性参数、数据的安全将会越来越被重视。当我们接触到中台数据治理和体系时，我们可以把这个体系引入自己的整个系统开发的生命周期里，把数据的架构、数据的安全等级变成一个在流程里面必须切入的点，便能有效帮助我们在工业互联和一些新的技术互联上进行突破，并最大限度来保障它的安全，让我们走得越来越远。

赵大力 在我看来，首先是传统意义上的网络安全，此外是数据安全。数据安全主要是指数据产权问题，包括知识产权相关问题。就政策而言，数据安全可能需要政府相关部门的政策牵引，需要制定相应的法律法规，对数据确权，对数据泄露制定明确的惩罚条款。从技术的角度来说，我们从云端和网端分别去看，首先是工业云平台，腾讯云通过了等保（网络安全等级保护）四级，其次是5G等，可能需要从开始建设运营商就需要考虑到网络与数据安全性。最后是端，最大的爆发点或者成长的力量不是来自技术型的驱动，而是来自生产关系的优化和效率提升，主要是在办公网络的工作需要确保是否可以上网。

只有把云端和网端整个的技术链条解决，整体进行政府部门的合规评测，再纳入现有企业的等保体系，作为可信网、可信云、可信端的整体性考虑，方能消除当前用户的困惑。

万能 当前工业互联网的应用，需要把安全分为5个层面。第一个层面是设备控制器的安全，我们已经做了对应的研究以及对应的安全芯片，甚至是安全的设备。第二个层面是线上工控网络安全。工业网络要防侵入，就要求它本身具有稳定性、可实施性、安全性，以防侵入。第三个层面是工业控制系统级的安全。自UI诞生后，大家更希望进行远程操控和远程权限管理，因此，设备控制器端、线路网络端和中控系统端都属于工业领域的安全。第四个层面是应用安全。系统应用本身的安全在很多操作系统或者开发组件层面上还很薄弱。第五个层面是数据安全。我们需要制定成熟的解决方案，确保数据能够进行容灾备份，或者通过认证来保证数据安全。但是数据使用的安全性和合规性，目前仍较薄弱。

未来，由工业领域的政府部门和研究院牵头，共同研讨安全解决方案，将是保障工业互联网安全的正确之道。

未来是否存在跨时代的技术降低工业互联网接入门槛

丁炜　从技术上来说有这种可能，但是在应用上面我们将会面临很大的挑战。如果我们能够迈过这些障碍，那么它将对整个社会做出巨大贡献。我认为，一旦通过电流等旁路的数据采集模式结合人工智能来取得接近PLC等真实信号的领域能够突破，将极大地弥补PLC管理标准化、历史老旧设备等落地层面的现实问题，有巨大的商业价值。

同时，跨企业和社会化的设备互联取决于社会化的组织分工，会产生巨大的社会效益，对环境保护、产能规划等都有极大的帮助。我坚信，技术推动人类社会的发展，我们需要努力探索，哪怕跨出一小步也意义巨大。

赵大力　在我看来，未来出现一个跨时代的技术产品来降低门槛是不靠谱的，从目前市场来看主要分为两块，一块是现有设备的存量市场，另一块是新增设备市场。存量市场以前没有上网，现在去接入的价值和意义也不大。而新增设备市场，我觉得可以根据数据源的占比分成两部分，一部分从传感器的角度来看是有源的，另一部分是无源无线的，没有供电的，只能依靠电池的。有源部分我比较看好车联网应用的技术站，主要以5G为代表。无源占大头，在无源无线的传感器上完成基本的计算后，把结果上传到云端，这一方式的占比将会有一个爆发式的增长。但这主要取决于传感器智能化的程度和电子本身的效率或者能耗，除非解决好这部分工作，否则窄带物联网（Narrow Band Internet of Things，NB-IoT）不能应用在任何工业互联网领域。

万能　设备联网是横亘在工业互联网发展面前的重要问题，在同一个以太网中，不同的设备拥有不同的协议站和不同的协议解析，这无疑是我们工业互联网供应商所面临的一个共性商业驱动难题。只有解决这一商业驱动问题，在商业模式上达成互信，以低成本实现客户需求，跨越设备联网障碍，让有协议解析需求方和能够提供协议解析能力的服务方对接起来，才能把工业互联网接入的门槛变成平民化常态。

量质并进，是未来工业互联网的发展方向。随着我国工业互联网探索热情不断高涨，这股热情也必将推动着工业互联网向更广范围、更深程度、更高水平发展，开启赋能经济高质量发展新篇章。

工业互联网应该如何解决碳达峰和碳中和的问题

范维肖 从全球范围来看，国外很多企业前几年就已经开始关注“双碳”问题了，也进行了很多能效管理。过去一年，我们也在服务企业做能源管理和能效管理。就商业本质而言，当前大家的生产毛利率趋于稳定，但大多数行业都面临上游原材料价格不断上涨，下游消费市场竞争倒逼着成本负担往上游挤压。在此状况下，各企业只能降能耗。

我们相信随着碳中和的推动，对能效管理和成本控制来说反而是一个机会，内嵌切入数字化平台，进而再去延伸无疑会是一个创新点。随着碳达峰和碳中和政策的贯彻，我国的工业将摆脱自动化革命，实现真正的数字化革命。

万能 “双碳”成为一个宏大的问题。从节能的角度来看，“5G+ 工业互联网”本身是个 SCADA，基于 SCADA 技术，很多简单的应用就能大幅降低能耗，即绿色产能。例如我国饲料生产工厂众多，但集团工厂本身分散，从而导致管控非常不精细。针对锅炉所需温度与生产质量痛点，我们增加简单的感知和控制系统，即可逼近保证生产所需要的质量，然后每天定时减少燃烧锅炉排放的气体，便是为生态问题做贡献。

工业互联网在“双循环”战略下如何发挥作用

万能 制造业主要分两大类：一类是面向 B 端的供应链环节提供商，另一类是面向终端市场的，基于工业互联网能够帮助更多企业往终端走。未来工业互联网能够基于大数据，帮助企业制定决策，推动企业往前迈进。

范维肖 中轻工业互联网服务我国的轻工行业，主要服务大众的衣食住行。从个人角度来看，若人民币长期汇率保持净升值，未来 10 年，是否有更多的美元进入中国？我国是不是最好的全球化的资产所在？如果是，那么今天的消费究竟是在高点，还是在低点？市场的不确定性有待考察。

从服务的角度来说，越来越多的轻工行业品牌开始把实验室展示给用户，他们主要想通过线上的技术，甚至是通过一些测试型的品牌来试探用户的喜爱度和忠诚度，以便及时改进工艺。尤其以食品行业为典型，只有借助数字化加快效率，才能更好地满足消费者。数字化向内有巨大的服务空间，可以有效提升品牌触达消费者的效率，向外又有许多机会去开拓市场，搭建软件体系，推进工业互联网快速发展。

作为轻工业代表，白酒在生产环节中的智能化方面还存在哪些难点

王健 我想分别从酿造（投配料）、制曲、摘酒和分级等方面谈谈我的观点。白酒在智能化的实现过程中，在普及和应用方面存在的难点主要有以下4个。

第一个难点是硬件问题。硬件性能的好坏对实现行业智能化有影响，而价格是行业普及主要的障碍。所以，在行业智能化的过程中，我们要潜心研究低价高性能的底层智能装备。其应用场景不能只放在实验室，而要落实在生产一线指导生产。

第二个难点是核心算法的问题。由于酿酒环节十分复杂，一般是依靠经验进行尝、闻、捏等，现在我们结合关键环节的理化指标对上述经验进行模拟分析，此时核心算法能否准确、客观地量化表达关键环节的经验是解决工艺优化提升的关键。

第三个难点是工艺复杂性、多样性和个性化的问题。我国白酒目前有12种香型，每种工艺各有差别，同一香型工艺也各有特色。在智能化的过程中，个性化的差异会造成底层数据清洗和建模难度增加。

第四个难点是行业知识和专业知识的匹配问题。行业人士基本上不懂软硬件、边缘计算、云计算、数据处理等前沿技术，而专业人士又不懂复杂的工艺。智能化的过程是多学科高度融合的过程。

因此，我们针对上述情况对症下药，问题便可迎刃而解。整体来看，全国各大酒厂都对其核心需求——摘酒做了许多研究。我们在这个过程中，基本上是利用光谱分析技术、过程分析技术，叠加人工智能算法准确地模拟品酒师的感官表达，达到降本增效、工艺优化，以提高摘酒的准确性，从而保障酒品质的稳定性。利用感官大数据我们也可以帮助酒厂简化工作流程，实现摘酒、分级、入库。边缘计算和人工智能的融合使摘酒数据的集中计算和深度学习可以顺利进行。这顺利解决了过度依赖专业品评人员、酒体稳定性和管理效率低下的问题，实现了生产信息化和智能化。

在原粮和发酵过程的管理上，我们团队研发了原粮的收购、存储、投料、麸化等环节的质量参数分析，进行软硬件结合：制作曲的品质分析仪，分析制曲、配曲过程中的理化、生化指标；通过智能设备采集的数据进行板块数据联动，计算优级酒率和出酒率；开发基于云计算的工艺智能分析决策系统，使核心生产环节数据深度关联，实现酿造过程的状态识别、实时分析、自主决策、学习提升。

第三篇　智慧教育篇

互联网时代下的信息过载、知识爆炸，让传统教育“标准化教学”的流程逐渐“落伍”。知识共享、互联网教学逐渐普及，传统高校也需要有效利用人工智能、物联网、云计算等技术手段，帮助教师和学生实现个性化的教与学，以提升竞争力。

但与众多其他行业相比，教育行业有很多独特的性质。本章将从多所高校的数字化实际案例出发，依托教育行业相较于其他行业的独有特性，分析当前传统高校的信息化进程走到了哪个阶段，未来信息化教育的发展趋势，以及为什么现在会有论调说教育行业是最难进行数字化转型的行业。

第 8 章 教育与产业互联网

本章将从高校进行数字化校园建设的经验出发，通过技术赋能、产教融合、智慧校园等多个角度的实际落地分析，深入解读高校从信息化到数字化的发展脉络与革新要点。

↘ 数据赋能教育数字化转型

华东师范大学副校长、腾讯云 TVP 行业大使 周傲英

数字化是时下非常热门的概念，各行各业都在进行数字化转型。与零售业、制造业等行业相比，教育行业的数字化转型尤为艰难，也尤为重要。我很同意这样一个观点：人类社会正在全面地进行数字化迁徙。把数字化转型比喻成迁徙，这很贴切。说到迁徙，会让人联想到故土难离、背井离乡。也就是说，数字化转型不是一件轻而易举的事情，需要提升认知水平，还必须有策略、有方法。

数字化转型新内涵

什么是数字化转型？数字化转型是一种深层次的、全方位的变革。首先，转型不是弯道超车，而是变轨换道。转型是一场深刻的自我革命，需要强大的内驱力，需要从内部突破，需要持续进行创新。要想转型成功，领导者要先变，要成为布道者、设计者和践行者。其次，数字化并不是一个新概念。1996 年出版的《数字化生存》（*Being Digital*）就提出了数字化和数字经济的概念。但当时提出的数字化的概念，谈的主要是愿景，是未来学家对未来的描述。很

多内容现在看来只是把模拟信号变成数字信号，总体上还是非常朴素、直观和肤浅的。2016 年 9 月，在杭州 G20 峰会上，数字经济成为主要议题，人们重新认识数字化的新内涵。从 1996 年到 2016 年的 20 年，是互联网蓬勃发展的 20 年，人们通过互联网认识到数据的重要性，大数据这个概念应运而生并深入人心。这也是我一直强调“数字化就是数据化，数字化就是数智化”的原因。有数据才能实现基于数据的人工智能，数智化指的是数据驱动的人工智能化。

数字化与信息化又有什么样的关系？信息化是数字化的初级阶段，信息化更多是技术驱动的，数字化则是数据驱动的。从另一个角度来看，数字化是融入互联网思维和数据思维的信息化。互联网企业是数字化原生企业，传统企业要进行数字化转型，就是要向互联网企业看齐，要把企业转变为数据企业。对数据的认知和应用水平不再只关乎企业的发展，更会决定企业的生存。

信息化的重新解读

今天谈数字化，一定要厘清信息化和数字化这两个概念之间的关系，数字化的建设不是脱离信息化重起炉灶，而是把信息化提升到数字化的层次来思考，分析要建成完善的数字化体系，还需要做哪些工作和转变。

讲数字化一定要讲到原来的信息化，它们不是对立的两个概念，而是存在传承关系的。

2018 年 4 月，习近平总书记在全国网络安全和信息化工作会议上强调“信息化为中华民族带来千载难逢的机遇”；2019 年 11 月召开的十九届四中全会审议通过的《中共中央关于坚持和完善中国特色社会主义制度 推进国家治理体系和治理能力现代化若干重大问题的决定》中指出，切实把我国制度优势转化为治理效能，实现中国之治。如何把制度优势转变为治理效能呢？信息化是不二之选。

这里说的信息化已经不是传统的信息化，可以把它定义为新时代的信息化，或者信息化 2.0。20 世纪的“十二金工程”就是典型的传统信息化项目，这些信息化项目主要从政府管理的角度出发，信息化真正惠及老百姓还是互联网企业发展以后的事情。传统信息化做的是“单位信息化”，是面向 B 端的信息化。互联网做的是“社会信息化”，是面向 C 端的信息化。新时代的信息化是传统的面向 B 端的单位信息化和互联网实现的面向 C 端的社会信息化结合的信息化，其典型的特点就是将原来的“以管理为中心”转变为“以用户为中心”，这是思维方式的根本转变。这可以理解为“互联网思维”，互联网思维的内涵主要有如下 3 点。

- 找痛点很重要，痛点就是切入点，就是抓手和场景。
- 免费是互联网的基本策略，本质上就是降低门槛。
- 激励机制是互联网的撒手锏，本质上是增加用户的黏性。

在信息化 2.0 背景下，数字化转型的信息化建设有 3 个关键词：数据、平台、自己做。信息化的目的是生成、管理和使用数据。平台是为数据的生成和使用而建设的，这样的平台是亲力亲为才能搭建的。

数据驱动数字化

信息化 2.0 其实就是数字化，其最关键是数据的应用。“数据就是力量”也许是对数据最好的比喻，意思是“数据是一种新的能源动力”，我们必须认识到数据的重要性，把数据用起来才能实现数字化转型。

回到教育数字化转型这个话题。如何实现教育的数字化转型？教育信息化如何才能支撑教育数字化？解决这些问题的关键在于以下 3 个方面。

- 真实数据。数字化平台的建设不仅是为了提供服务，更重要的是搜集数据，获取更多真实有用的数据。
- 形成闭环。数据要形成闭环，数据是用来解决问题的，只有用起来，数据的搜集和处理才能得以改进和完善。
- 以人推己。不仅用个人数据解决个人问题，而且用整体数据来洞察用户或学习者，互联网服务的协同过滤技术是重要的数据技术。

数字化转型是大势所趋，数据的应用是重中之重，它会催生数字经济，赋能教育的数字化转型。同时，教育科技是教育数字化发展的必由之路，我们必须发展自己的硬核教育科技。

小结

本节从行业数字化转型着手，以教育行业为背景，阐述“转型”和“数字化转型”的本质含义，对“信息化”和“数字化”两个概念进行了比较，说明数字化是信息化的高级阶段，也是必然发展趋势。数据是实现数字化转型的能源动力，是新时代信息化关注的重点，平台建设要围绕数据展开，数据技术的发展目标是实现数据赋能。

↘ 教育信息化发展新趋势

同济大学信息化办公室主任、腾讯云 TVP 行业大使　许维胜

近年来，无论是对国家还是对行业层面而言，教育信息化的建设都变得更加规范化，而且需求与推进的力度也在逐渐加大，目标导向的要求也越来越高，教育数字化成为大势所趋。在新的时代背景和技术条件下，一定要用不同的思路和技术路线满足更加新颖的时代需求。从需求牵引和技术驱动的特征来看，未来的教育信息化建设一定会出现很多新的变化。

未来的教育信息化将会从以下几个方面来进行转变。首先，工作重心要进行两个转变，一是教育信息化或教育数字化的重点转变为聚焦于教育或教学本身，助力教学、科研的分析和计算；二是应用信息系统以管理为重心转变为管理和服务并重，推进主动服务（少打扰），多做减法和乘法；其次，随着技术的进步和硬件设施的不断完善，未来的教育信息化率先要完成基于新基建和新技术条件布局智慧校园建设，例如在云网融合平台上建设并使用 RPA、一网通办、一网统管、一网通学等系统；最后，随着硬件基础设施的完善和数据积累，未来的教育信息化将会逐渐实现精准管理、科学决策和个性化教学，稳步推进教育数字化转型。

新基建背景下的智慧校园建设

近年来，新基建的概念在各个行业里都成为“热词”，那么新基建的具体内涵是什么呢？据国家发展和改革委员会对“新基建”提出的正式定义来看，“新基建”主要包含以下 3 个方面。

- 信息基础设施。基于新一代的信息技术演化生成的基础设施，如通信网

络中的 5G、物联网，算力方向的数据中心等。

- 融合基础设施。支撑传统基础设施转型升级，进而形成的融合基础设施，如智能交通、智慧能源领域的一些基础设施。
- 创新基础设施。支撑科学研究、技术开发、产品研制的公益属性的基础设施，如重大的科技基础设施、科教基础设施等。

未来，这三大基础设施都将以不同的形式覆盖，甚至延伸到校园里面，例如大模型将会在教育教学领域得到广泛应用。在这样的背景下，智慧校园建设的技术路线和导向，肯定跟传统的方式不同，部署方式和软件架构在新的基础设施上都会发生变化。

在未来的智慧校园的核心系统里面，大家现在所能看到的基础校园网、计算中心、数据中心、各类应用软件，甚至跟智慧园区相关的一些消防、安防、门禁、教室的管理等系统，都会发生一些新的变化，例如，物理世界的东西可能会映射到数字世界中，从而形成数字孪生、元宇宙，这些技术将会给智慧校园服务带来新的体验。

在这些方面，同济大学也展开了一些探索。例如，在传统教务管理信息系统应用中，学生经常面临选课系统崩溃或卡顿、浏览器不兼容、用户体验差等问题，这些问题都随着云原生微服务、弹性负载技术等的应用而得以解决。因此，我们可以将教务管理信息系统部署到云端，采用云端微服务的技术路线，通过 PaaS 端的基础服务来解决。

面向精准管理的教育信息化

教育信息化的一个变化趋势，就是数据的应用使管理更加精准化、教育服务更加个性化。数据是管理的影子，未来数据的精准管理将会日益融入教育教学管理和服务的全过程。而在这之中，很重要的一个问题就是“数据的汇聚、融合与治理”。未来，随着技术的发展、理念的深入，人们将更加深入理解“数据治理”就是“管理治理”，二者协同演进，进一步推进管理能力和治理水平的提升。

另外，当前很多学校有了数据以后，直接制作很多表格进行数据挖掘。这作为一些应用和探索是可以的，但并不能真正地让数据发挥价值。要想真正发挥数据价值，一定要融入业务部门的业务过程。所以在做数据应用时，一定要找到最终用户在哪里，对数据的刚性需求有哪些，只有找准终端用户，开发刚性需求，数据的应用建设才能有的放矢，产生效益。反之则不可持续。

在这些方面，同济大学也做了很多探索，例如，基于大数据所打造的院校研究数据中心，通过系统收集数据、科学分析数据，再通过技术手段与兄弟高校的数据做全面对比，最后为学校领导提供决策支持，有效地提升了学校治理和管理能力，使未来学校的发展决策更加科学。

面向服务的教育信息化

教育信息化的另一个变化趋势是，原来的教育信息化基本上是由管理部门提出来的，师生要做的只是服从管理部门的要求，登录系统去完成工作。但现在师生的服务需求会更加强烈，对服务体验的要求会更高。

这方面主要体现在从“以教育管理为中心”回归到“以教育教学为中心”。过去的信息化更偏向于教育事务管理，而现在则更偏向于大学的核心任务——教书育人，更多地考虑教育环境、教育过程中产生的数据，实现精准管理、个性化教育和服务。如何能让老师、学生和管理者都获益是目前同济大学在信息化建设和服务过程中关注重心之一。

未来，以职能部门为中心的软件设计方式需要更好地向以服务为中心的方式转变。在这个建设过程中，即使是管理部门要求师生做的事，也应该体现出主动服务的理念。例如，智慧教室的建设需要满足不同的教学诉求，才能更加具有针对性地开展教学工作。

高校除进行一网通办、一网通学平台建设外，还将会更加重视校园运行“一网统管”。通过“一网通办”来提升学校的信息服务能力，借助“一网统管”来提升校园管理与治理能力。基于此，不仅可以打造更加先进的高校治理能力，还可以提升师生的体验，甚至可以提升网络安全防护能力。

教育信息化发展到今天，数字化建设的脚步依旧在向前迈进。平台只是起点，不是终点。

小结

本节从高校数字化建设实际案例出发，探讨了基于新基建的智慧校园建设方案，并为智慧校园的未来建设方向做了定义。未来的高校智慧校园建设需要重点在“面向精准管理”与“面向服务”两个方向上发力。

↘ 数据科学的兴起与跨学科教育实践

南京大学教授、腾讯云 TVP 行业大使　裴雷

自 19 世纪末引进西方学制以来，我国一直在学习和借鉴发达国家高等教育理念和经验，通过开展全方位合作，逐渐建立了世界上最大规模的高等教育。根据 2020 年教育部高教司司长的报告可以得知，我国国内每年的工科毕业生占到全世界的 1/3，仅改革开放 40 多年来，我国高校就培养了逾一亿名毕业生，他们成了我国改革开放的中坚力量。时至今日，随着技术的不断进步和突破，国内的教育形式与方式正面临一次全新的、颠覆式的变革。信息技术与教育的广泛融合，为高等教育提供了新方式和新手段，提供了新空间和新命题，孕育了新的变动因素与增长空间，也创造了新的实践内涵。

高等教育与数字机遇

长期以来，高校的信息化步伐其实一直都没有停过，但为什么到近几年才开始做一体化的信息化建设呢？主要原因是人们重视程度的变化和应用领域的深化。我们重视信息化建设、重新审视技术价值就能发现，信息化不仅是提升高校管理能力的一种手段，而且更可能在未来成为一个大学竞争的核心基础设施。那么，未来的教育信息化建设应该向哪个方向走呢？

为此，我们提出了一个“重度信息化”的概念：如果说做业务信息化是基于标准化流程，可以用标准化产品来解决的话，那么在重度信息化环境下，你会发现碎片化、实时性、高频反馈与迭代优化的需求越来越多，信息化的标准化流程不是那么容易绘制，反而需要有模块化、易组配的产品形式。在这样的需求模式下，高校信息化最先需要处理的，是数据管理与流程管理的分别建设和治理，而数据管理的核心问题就是高校内部的“数据资产化管理”问题，即首先要知道自己有什么（资产登记），其次把所有数据进行充分关联和利用（价

值赋能），像管理资产一样，对高校的数据进行整合管理和优化利用，期望能为高校带来有效的信息技术能力与服务能力的飞跃。

近年来，很多高校都在高校数据规划和治理方面展开了探索。例如，清华大学做教学管理的本研一体化探索，北京大学把自己的数据积累成数字资产，浙江大学在打造自己的服务生态系统，南京大学正在以“智能感知、数据为体、流程为向、服务为用、共享为本”的理念打造具有南大特色的教学、科研、管理和生活的线上智慧型“社区生态”。

数据科学与学科创新

今天在探讨数字技术的时候，一个绕不开的话题是数据应用。随着数据采集与分析技术的突飞猛进，我们能收集到的数据类型和内容也呈指数级增加。数据的增加带来了数据处理的困难，催生了以数据分析、人工智能为代表的新技术，即数据科学的兴起，提升数据分析能力的同时，也逐渐改变了传统的研究范式，即第四范式。

这样的技术革新会带来什么改变？一是从研究方法的角度，数据驱动的研究会更注重事实刻画与探索性发现，会基于零假设开展研究，这种大规模、细粒度、高频度的精细现实刻画，可能会使过去不好研究、难以研究的问题得到解决；二是从研究对象的角度，大数据催生了数字化科研，即以数据科研基础设施为基础，开展大规模的基础建设与多学科的交叉科学研究。在数据科研的环境下，实现对大规模、多样化的科研数据的管理，既包括对采集、获取、保存、分析、传播等过程的管理，也包括对产权、技术、效能等职能的管理。

目前，高校对数据人才培养有强烈需求，也进行了多样化探索。现在数据人才培养的社会关注度高，设立的研究机构和高校专业数量也非常多。想要真正开展深度、有效的数据人才培养，不仅要有数据平台、分析工具，还要有数据资源和数据分析的实验靶场，还要具备技术实现的工程能力和数据场景的理解能力，形成深度参与、高度复合的交叉型人才培养。

进一步地，面向数据人才培养和科学应用，高校必须加大数据基础设施建设力度。大数据基础设施是一项系统性工程，以数据为核心，打通数据采集、数据序列化、数据分析、数据赋能的全流程。打造一套从硬件到软件一体化的解决方案，在硬件上需要有更高性能的运算设备，需要有数据的存储和管理能力，在软件上需要有大量的中间件和数据分析工具，需要有数据融合的平台。

在全球范围内，数据实验室（D-Lab）之类的探索也在进行中，但对大多数高校而言，独立进行数据科研基础设施的建设还是比较困难的，涉密数据管理、海量数据存储等都需要借助产业技术生态实现。

产教融合与数据人才培养

除了硬件和软件的基础设施，数据资源也是数据科学和数据驱动科研的核心需求。在数据科学领域，如果没有真实的场景数据，很多问题是无法研究的。从这个意义上来讲，非常需要将高校数据科学研究与产业界做很好的产教互动或产教融合。从理论上讲，大学解决的是教育链、人才链的问题，企业解决的是产业链、创新链的问题，在这之中有非常多的合作模式可以探索。例如，企业把培训课程迁入大学进行定向人才培养，企业在大学设实验室解决关键核心技术问题，与大学合作创建产业学院共同加强推广和应用等。

南京大学非常注重产教融合。2015 年，南京大学与腾讯公司共同设立“互联网 +”研究中心，腾讯给南京大学提供了非常好的研究问题以及软硬件平台空间，我们可以招募自己的学生来做创业实践，也可以招募老师来做专题研究。通过企业跟大学的合作模式，就可以解决数据科学研究的来源问题和去向问题，更好地提升数据科学研究的成就感和获得感。

总之，无论从社会环境出发，还是从大学实践出发，数据科学都是一个需要企业、高校共同关注、联合建设的工作，有了产业界与高校的通力合作，相信未来在数据科学的边界融合方面还会有巨大的探索空间。

小结

本节从技术角度出发，重点探讨了在高校教育数字化工作中，数据技术的应用，并从实际应用出发，继续深入探讨了数据技术的应用及数据人才的培养工作，还着重分析了产教融合背景下，高校对数据人才培养工作的重视将会带来的提升与改变。

↘ 高校信息化新境界

陕西省教育信息化发展研究中心副主任、腾讯云 TVP 行业大使　袁新瑞

20 世纪 80 年代，阿尔文·托夫勒的《第三次浪潮》出版，书中预见了信息技术作为第三次浪潮将给世界带来的变化。后来，思科公司的一句广告语“The Next Generation of the Internet Revolutionizing the Way We Work, Live, Play, and Learn”（下一代网络将变革我们的工作、生活、娱乐和学习），描绘了信息技术对未来的深远影响。数十年后的今天，我们可以看到，网络的影响深远而持续。信息技术的浪潮在今天越来越丰满，内涵也越来越丰富。在教育方面，课程的组织方式已经发生了巨大的变化，教学系统的结构、业态也正在发生深刻的变化。同时，一系列新技术进入校园，信息化的途径、手段越来越丰富，教育信息化即将迈入一个新的阶段——信息时代的智慧教育。

信息时代的智慧教育变迁

回顾信息技术应用在教育中发展的规律，是从知识的传播、过程的重构，逐渐演变到今天的系统重构的。系统重构是信息时代的一个革命性的事件，它因融入数字要素，引起社会结构的三元化（以“人类社会 + 物理世界”的二元结构转变为增加了“数字空间”的三元结构）。在信息化发展初期，信息技术只用在教学中的知识表达上，即探究如何把课程内容清晰、直观地呈现给学生。而后，随着互联网的成熟和普及，人们希望利用网络课程改变过去的教学内容结构，数字空间的逐步成熟将必然引起教学系统结构的全面转型。

今天，当系统重构发生时，与教育相关的很多事情都在随之发生改变，数字要素赋能教育，智能教育所关注的思维和智慧的发展成为可能。这时，“智慧教育”的概念也被重新关注。

什么是智慧教育？教育的目标不是知识的堆积，发展人的思维和智慧才是。因此，大规模因材施教才是我们需要的教学模式，而班级分科教学的规模化是工业时代的特征，信息时代数字技术为智慧教育的实现带来新动能。我们研究认为，信息时代的智慧教育，是在现代教育理论指导下，通过构建技术赋

能的互联、开放、泛在的智能化服务系统和现代化治理体系，支持以学习者个性化发展为目标的教学和学习模式，实现学习者高效掌握知识、思维与个性能力共同发展的新型教育模式。智慧教育是信息技术环境下涵盖教育治理能力提升、教学模式创新变革、学习方式个性化和学生多元化发展的系统性变革。智慧教育能够实现高效的知识表达与传播，促使学生的思维与能力更加个性化和多元化发展。智慧教育将带来教育系统理论体系、教学空间系统、教学模式与人才培养的全方位变革。

高校信息化新境界

在信息时代智慧教育变革的背景下，高校的信息化应该怎么做呢？按照智慧教育的理念，在《中国智慧教育区域发展研究报告 2021》中，提到了信息化推进过程中的 4 个维度，分别是课程体系重构、学习空间再造、学习方式多元和治理体系变革。

- 课程体系重构。我们希望课程更加个性化、有连接性、跨学科，个性化即通过对教学内容的优化和改造，彰显学校的办学特色和学校的价值主张，同时要满足学生的个性化的学习需要；连接学生与自然、社会以及个体经验的联系，通过校内外课程资源的融合，让知识回归生活；最后以培养产出为目标，将各学科灵活重组及融合，形成一种更加全面、相互衔接、融会贯通的课程结构。

  为了进行课程体系的重构，要改变过去的教学结构，从过去学生和老师所构成的二元教学结构，变成以学生为中心、教师为辅、用立体化的教学资源来支撑的体系。在这个体系构建过程中，各个学校需要根据自己的办学定位，确定课程体系和内容，综合自身的优势学科、学生毕业后的发展趋向等维度，来决定自己的课程体系结构。这样一个课程体系，将是信息化的、立体化的、面向产出的，同时也是新技术支撑的一种知识传播方式，是校本优势专业课程的数字化。
- 学习空间再造。学习空间应该是灵活、智能、可重组的。通过创新环境，配备灵活多样的物理设施和在线工具，支持教师开展多样化的教学活动；利用人工智能、大数据等技术，通过数据为每一位师生提供诸如

"学习体检表"之类的智能工具；同时扩展学校的物理空间，促进学习区、活动区和休息区的相互转化，创造在线信息空间，弥合正式学习与非正式学习，构建以学习者为中心的线上线下融合环境。这种空间改造一定不是一个非常高大上的目标追求，而是通过简单、易用的形式融入校园生活的方方面面。

- 学习方式多元。学习方式应该是主动、有深度和无边界的，如果学习方式多元这一点做不到，就难以实现智慧教育发展的目标。我们应该采用主动、探究的学习方式，让学生在积极体验中学习知识、养成个性、培养能力；鼓励学生像科学家一样思考问题，像工程师一样解决问题，帮助他们深度学习；另外，学习既可以在课堂，也可以在社区、科技馆和企业里进行，任何可以实现高质量学习的地方都是学校。
- 治理体系变革。这是最重要的一点，治理体系应该是精准、高效、智能化和面向过程的。我们应精准化管理与决策，拥有高效的数据获取能力、个性化的交互能力，以及全新、高效的事务处理流程；同时，通过智能技术扩展教育治理的感知、通信、决策过程，解放人力，实现传统模式无法实现的新手段；最后，实现面向过程的管理，关注细节，支撑招生制度改革和学业能力评价，更客观、公正，告别简单应试。

高校信息化新挑战

从这 4 个维度去构建高校信息化的体系就可以称为高校信息化的新境界。但是，要打造这样一个新的体系，按照新的思维做信息化的时候，仍有很多的问题需要解决。

要应对这种新挑战，首要的一点就是思考以下问题：应该如何建立以学习者为中心的教学服务体系？如何将互联网学习融入学校的教学体系？新的学习资源服务模式如何尽快开发并使用？有哪些新的技术可以在网络中保护老师的知识产权？各种各样的学习和交互工具又该如何方便地提供给老师和学生，使其简单易用？该如何构建一个可持续发展的高校信息化平台？过去的信息平台建设经历了很长时间，繁杂的系统应该怎样优化组合，形成一个可持续发展的框架，避免日后发生推倒重来的情况？

工程技术方面的突破也将是下一阶段的要面对的一大挑战。在大规模的因材施教建设方面、智能化课程体系建立方面、教育治理改造方面，都需要工程技术的人才和理论来支撑变革。

大数据、区块链、人工智能的新技术层出不穷，虽然我们下一阶段还有很艰巨的任务需要完成，但随着一批又一批的研究人员与实践人员不断取得突破，不断投身教育信息化浪潮，未来的教育信息化建设，一定会迈上新的台阶。

小结

对高校师生而言，校园环境包含生活和学习等多个方面。因此，高校教育信息化建设工作也涉及多个不同的方面。本节从不同的方向切入，从历史发展角度出发，将教育信息化分为了课程体系创新、学习空间再造、学习方式多元和治理体系重构 4 个维度，分别进行了详细的解读与分析。

第 9 章　智慧赋能教育

本章将基于腾讯智慧教育领域宏观架构，详细解读腾讯面向高校各类人群的数字化服务要点，并着重分析物联网技术对智慧校园建设的推进，以及腾讯在产教融合方面所做的实践。

↘ 校企深度合作，探索高校教育新形态

腾讯云高等教育行业副总监　念红志

党的二十大报告提出要“推进教育数字化，办好人民满意的教育，促进教育现代化”。数字化转型已成为高校当前最关注的议题之一，同时也是“十四五”期间的重要战略任务。然而，在厘清新时期数字化转型的核心重点，识别影响转型的关键要素，以及制定出可执行的工作路径等方面，依然有困扰信息化团队的难题。

高校数字化转型三部曲：连接、升级、再造

传统数字化转型以用户体验为核心，运用数字技术和创新思维，构建更优的业务模式，以适应数字化时代的竞争挑战。在高等教育领域，数字化转型聚焦教学、科研等各类用户的关切，优化配置教育资源，融合线上和线下教育空间，推进数据驱动的治理体系，提升应用服务的体验和温度，加速无界孪生校园等教育新形态的演化。虽然影响数字化转型成败的因子众多，但其中最为关键的仍然是业务、组织和技术 3 个方面，如图 9-1 所示。

- 制定业务目标。数字化转型的核心目标应围绕教学、科研等模式的创新和提质增效，回归以人为本的教育。

- 激活共创组织。数字化转型不仅需要管理层的认同，更需要拥有广泛的群众基础，教职工与学生的参与和支持是持续创新的关键；
- 开放技术平台。成功的数字化转型会构建起繁荣的信息化生态，开放的技术平台能够为师生、各职能部门提供创新创造的底层技术支撑。

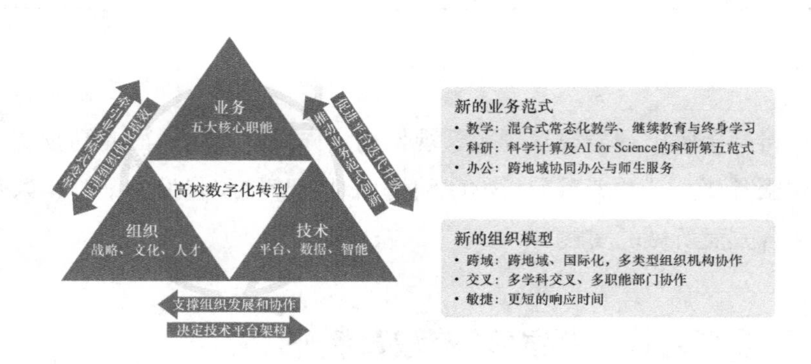

图 9-1　高校数字化转型关键因子与影响关系

教育部党组书记、部长怀进鹏曾提到，教育系统大力推进教育信息化、推进教育资源数字化建设，有基础、有能力、有优势，大有可为、大有作为，要牢牢把握“方法重于技术、组织制度创新重于技术创新”的工作理念，按照“应用为王、服务至上、示范引领、安全运行”的工作要求和思路一体化推进建设与应用。

基于此，我们提出了连接、升级、再造的数字化转型三部曲，如图 9-2 所示。

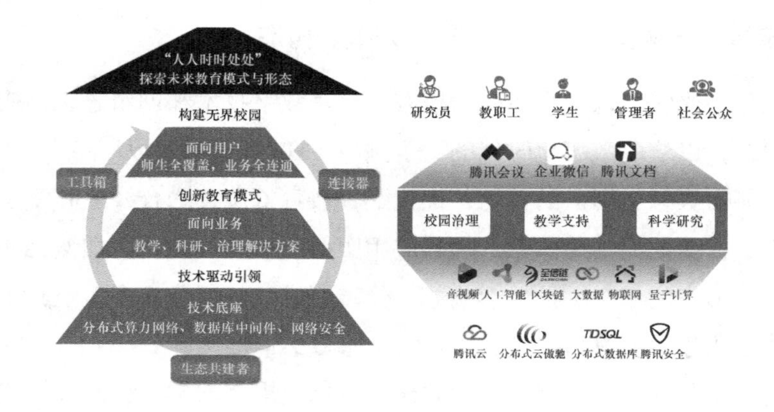

图 9-2　腾讯教育数字化服务图谱

- 连接。连接起全校各类用户、各系统的数据和流程，以及其他相关要素，让用户习惯求助信息化工具解决问题，打下转型基础。
- 升级。结合组织的适应和接受程度，在供给侧不断升级、汇聚各类服务，构建起随时随地、触手可及的校园服务，以培育起用户更广泛的习惯。
- 再造。基于广泛的共识，业务部门更易和信息技术团队一起来推动教学、科研、管理的模式创新与变革，探索真正的无边界、智慧校园。

携手高校打造“以人为本”的未来校园

腾讯教育坚持做教育行业智慧化升级的“数字化助手”，在高校领域，腾讯结合自身产业和技术上的优势，与客户共创智慧教育的新范式，为全国 1000 多所高校提供了信息化建设的服务。围绕连接、升级、再造的转型三部曲，腾讯提供了连接器、工具箱、开放生态平台等坚实的产品、技术与方案支撑。

连接是数字转型的基础。腾讯在创立初期，仅有连接要素并提供基础的沟通工具，之后才逐步发展拥有了繁荣的服务生态。腾讯会议、企业微信、腾讯文档是当下被高校等企事业机构广泛采用的产品，沟通、会议、文档、网盘等方面的丰富的工具，被师生应用在教学、科研和办公协同当中，这也培养了师生使用信息技术解决问题的能力，提升了高校整体的信息化素养，如图 9-3 所示。这些平台还开放了丰富的 API，高校可以便捷地集成各类丰富的应用，打造属于高校自身的超级 App。同时，平台通过对账户、角色等组织架构信息的映射，还将全校师生连接在一起，建立起一个完整线上大学。

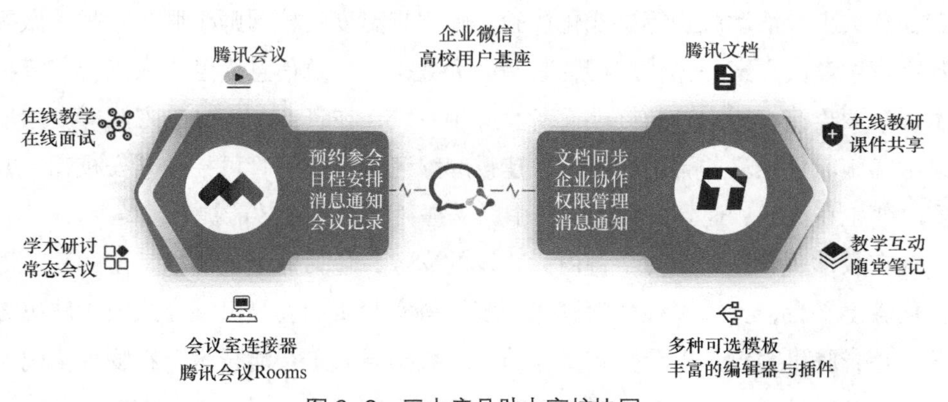

图 9-3　三大产品助力高校协同

升级带来有温度的场景服务

升级意味着在现有基础上寻求创新，而非推倒重来。轻量级、非侵入式的工具平台，让升级能够“润物细无声”。腾讯提供丰富的工具箱，能够整合各类信息要素、流程体系、空间位置等，升级打造更易用和有温度应用服务矩阵，如图 9-4 所示。

图 9–4 腾讯智慧校园工具箱

在治理领域，关注师生获得感、幸福感的提升，提高管理决策科学性和效能。腾讯微校解决方案应用虚拟校园卡、电子签、低代码、地图导览等产品技术，建立起移动和桌面体验一致的服务矩阵，关联应用服务与校园设施，实现线上和线下场景的身份与数据的融合，并在访客、迎新、校庆等垂直场景打造任务关卡、活动激励等游戏化体验，建立有温度的校园师生服务；腾讯微瓴数字孪生解决方案一体化应用物联网、大数据、建筑信息模型、人工智能等技术，全面连接校园内各类终端设备、应用系统，在资产、后勤、安防等应用场景中实施软件定义的智能化改造，建设起绿色低碳、可管可控的平安校园，并实时孪生在流畅、逼真的数字空间中，支撑科学决策和效能提升。

在教学领域，关注对学科内涵建设的支撑，包括建立全连接、全过程、泛在化教学平台，支撑多种教学模式、多学科实验实训。腾讯混合式教学解决方案，整合腾讯会议，以及分布式存储、大数据与人工智能技术，在物理空间上实现多校区教学空间实时互联，在教学过程上基于“一门三杰”实现课前、课中、课后的覆盖，在教学主体上应用人工智能技术为教、学、督、评各类角色主体提质增效，打造泛在教育形态。腾讯腾学汇解决方案，运用云原生、虚拟仿真、人工智能等技术，支撑智能交通、医学影像、数字媒体、信息安全等学科专业的实验实训需求。

在科研领域，关注科学计算需求和AI for Science发展，提供更灵活、更低门槛的算力和科研工具。腾讯科研云解决方案基于“1+4+N“的总体架构，依托腾讯分布式云计算构建1张算力网络，融合高性能计算、智能计算和量子计算，为模拟仿真、人工智能训练等提供灵活算力；4个科研平台包含THPC作业调度平台、Ti-one人工智能平台、TBDS大数据平台，以及TEFS材料第一性原理计算等；通过平台化的方式，统筹调度算力，整合科研数据，以支撑N个学科发展方向，助力有组织科研，如图9-5所示。

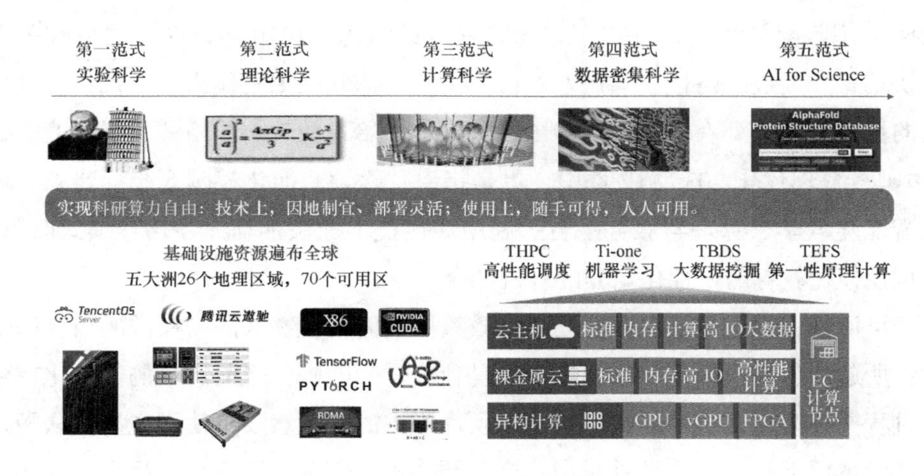

图9–5　为科研人员提供算力支持

打造未来教育模式

面向未来，随着全真互联网、人工智能大模型等技术应用热潮的推动，我们看到愈发明确的发展趋势：

- 教育空间的数实融合，教与学的参与者完全打破时间、空间限制，沉浸式使用各类教学工具和内容资源，为教育模式创新提供广阔的可能性；
- 教育空间的开放拓展，教育的重心转向培养学生的综合能力，一个充分开放的平台使学习者具备自主学习、创新创造、协作等能力，能够适应不断变化的经济和社会环境。

腾讯教育将充分发挥自身云计算、大数据、人工智能等技术优势，以及微信、腾讯云等开放平台和生态优势，在教学、科研、校园治理和社会服务等领域，携手高校和行业合作伙伴共同探索的未来教育新形态。

↘ 物联网助力高校打造全面感知、全系联动的智慧体验

腾讯教育高等教育行业中心总架构师 刘卫昌

物联网并不是一个很新的概念，向前追溯的话，早在 1999 年的移动计算和网络国际会议中，便提出了“物联网”的概念。2010 年，在《国务院关于加快培育和发展战略性新兴产业的决定》中，物联网更是作为新一代信息技术中的重要一项被列在其中，成为国家首批加快培育的 7 个战略性新兴产业。在《中国教育现代化 2035》文件中，更是指出“建设智能化校园，统筹建设一体化智能化教学、管理与服务平台。利用现代技术加快推动人才培养模式改革，实现规模化教育与个性化培养的有机结合”。

可以说，无论是从技术层面还是政策层面而言，物联网与校园的结合都是大势所趋。但高校目前物联网的建设是什么样子的呢？之前高校的信息化在建设过程中都是以建机房、建网络、建硬件为主的。虽然没有使用主流物联网技术，但也留下来了很多硬件系统。这种硬件不太完善，缺乏技术标准，互相之间也缺乏连接。学校基于这些东西想做一些开发还是比较困难的，只能找提供设备的厂商，开放性远远不够。并且，传统的建设模式是垂直化的，缺少横向连通，信息孤岛的现象也比较严重。

高校物联网未来发展的五大特征

基于以上现状，在新的时代背景下，未来的高校物联网发展将包含以下五大特征。

- 整合。学校在之前的信息化建设中留下了许多旧的设备，如何将这些设

备整合并利用起来，如何通过改革高校的技术架构来优化物联网环境，都是亟待解决的问题。

- 场景。之前的校园物联网建设大多是针对“平安校园、后勤管理”场景的，之后要在教育、科研、师生服务等方向探索更多场景。
- 联动。在把多系统的设备拉通后，需要让设备间形成有效的跨系统联动，这样才能有效提升管理效率。
- 服务。之前的硬件投入很多是支撑用的，如何能做到让师生有感知，让新时代学生体会到互联网化服务，是很重要的一个方向。
- 解耦。如何能够实现业务应用快速创新、快速迭代，跟硬件厂商原来相对弱的软件能力脱钩，并让第三方软件厂商基于原有硬件能力去开发各种智慧化的场景，也是一个需要关注的点。

腾讯物联网高校解决方案七大层级

针对五大特征与亟待攻克的难点，腾讯基于自研物联平台联合合作伙伴共建智慧校园物联网解决方案，该方案提供了一个相对清晰的框架，从硬件基础设施、网络，到物联接入、物联中台，到上层应用，都进行了全面的覆盖，主要分为以下七大层级。

- 基础设施层。接入学校原有的弱电系统，如停车、安防、消防、人脸识别闸机等，将目前已有的硬件设施进行统一的纳管。
- 网络层。在该层面，通过低功率广域（low power wide area，LPWA）物联网络，实现多种传感器、智能设备等的进一步连接，并通过网络能力将统一校园网上承载的业务进行高效划分。
- 接入层。学校中 80% 的存量系统缺少标准物联网的连接，因此需要从架构层面进行规划设计。为此，腾讯提供了 3 种能力来协助接入层的建设。物联网通信能力能够提供安全、稳定、高效的连接平台，帮助客户低成本、快速地实现设备、用户应用、云服务间的高并发、高可靠通信；设备接入能力为客户提供了基于 SDK、通信模组的设备接入方式，并通过灵活的协议支持及便捷的工具，降低客户在设备端的开发门槛；视频接入能力则能够有效、安全地为客户提供视频连接、存储和智能应用服务。

- *中台层*。构建统一物联网中台，面向学校教学楼、教室、公寓、场馆、展示大厅等场所的物联设备，实现统一接入、管理、汇聚，快速实现“设备 – 设备”“设备 – 用户应用”“设备 – 云服务”之间的数据通信向上层物联应用开放底层能力，实现软硬件解耦，助力物联应用的快速创新。
- *应用层*。建立高校的“物联管控平台”和各种场景的物联应用，物联管控平台是以连接“前端设备”为数据基础，以“场景联动”为应用核心，充分结合大数据和人工智能技术，面向学校提供的物联网智能联动系统。物联管控平台主要包括统一门户、运营监测、告警管理、数据分析和运维管理等。物联应用则是基于物联中台的开放能力，针对会议预约、访客管理、实验室管理、平安校园等各类高校的场景开发的服务应用，将物联能力赋能给应用，提升师生体验。
- *展示层*。通过以上搭建，构建起校园智能运营中心（intelligent operations center，IOC）、服务门户、管理门户等多个高校信息化入口。
- *用户层*。以此架构为基础，可有效区分用户身份，并为高校各类用户提供高效、精准、具有针对性的服务。

腾讯物联网高校解决方案现状

目前，腾讯物联网高校解决方案已在多所高校使用，并顺利提供了智能访客、智能会议、智慧停车、智慧教室、智慧灯杆、智慧建筑、实验室管理系统、一码通用、校园指挥中心等多个不同场景的应用。

例如，在高校内很典型的“智能访客”应用，很多高校都已经实际落地施行。访客管理将访客预约、通知、签到 / 签出与高校门卫访客机终端、门禁 / 通道闸机、车辆识别、迎宾信息屏等应用集成在一起可以实现访客自助预约、自助签到 / 签出、智能迎宾、门禁授权、车辆授权、访客报表生成等多种智能应用。

又如，高校的 O2O 融合办事大厅，可以有效地支持高校的一网通办建设。例如，论文的自助打印、快递的智能收发等，都可以通过物联网设备的接入，有效实现线上办理、线下服务的场景落地。

基于高校已经接入多种设备的情况，如果是新建的项目，尽量采用智能硬件的方式去打造可感知的基础设施；对已有的存量系统，应通过系统对接的方式接入，然后通过一个开放平台构建智慧物联应用生态，这样可以让师生第一时间使用到智慧化的服务。在管理方面，需要通过管控平台不断加强管理效率。另外，随着设备的不断接入，可以通过人工智能、大数据去实现更高级的智能应用场景。之后就可以不断地迭代智慧化的场景。

小结

智慧校园建设，作为高校数字化建设工作中的重点部分，与物联网技术关系密切。本节以物联网技术作为切入点，重点分析了目前高校物联网建设过程中的五大特征，并详细介绍了腾讯支持高校物联网技术的实际落地情况，以及七大层级解决方案，并详细论述了腾讯云智慧校园建设的内容。

↘ 产教融合背景下的产学合作分享

腾讯校企合作产品中心高级运营经理　洪彤彤

针对科研和产业链对信息技术等领域人才的迫切需求，以及高校学生对技术实际落地情况的展望，“产教融合”与“校企合作”一直都是各大高校和企业追求的重点发展方向，同时也是国家大力支持的发展方向，正因如此，腾讯于 2018 年率先与深圳大学共建了深圳大学腾讯云人工智能学院，并从 2020 年开始开设了“腾班”，并实现了独立招生，希望能够优中选优。在此过程中，腾讯深度参与整个“腾班”的人才发展方案制定、课程设置、招生面试等环节。除此之外，腾讯还与深圳大学合作建立了联合大学生校外实践基地，由腾讯和深圳大学进行双向选择。除了与深圳大学计算机与软件学院的合作，腾讯和深圳大学还共建了深圳大学腾讯云认证中心，将教学、实训、认证、就业结合在一起，实现教学相生相长的人才培养模式。

腾讯所做的校企合作业务是基于腾讯自有云产品、内容品牌、认证体系等渠道，构建面向高校师生、政府人员、企业客户等人群的多端人才培养解决方案。

腾讯校企合作业务介绍

通过产教融合，腾讯将企业所需要的技能融入高校的课程体系，以提升学生的实践能力。以建立产业基地、共建高校的产业学院、联合各项技能竞赛等形式进行更多元的人才培养。

总结下来，腾讯的校企合作业务率先从以下 4 个方面展开投入。

- 内容建设。在高等教育中，高质量的根本与核心是人才培养质量，让学生更方便地接触到专业课程教材与技术，才是新时代教育教学的“新基建”。所以腾讯在展开校企合作的这几年间，将最核心的资源都投入了内容建设。结合腾讯云技术，将腾讯内部沉淀的覆盖工、医、农、文等多方向的技术和案例，以及大量的人工智能和大数据案例均投入了内容建设。腾讯基于在人工智能产业的一些技术沉淀和丰富的案例，致力于把课程设计出来，再融入整个高校的人才培养体系，希望最终打造专业课做理论支撑，再通过实践验证的课程体系。
- 平台建设。平台是一个辅助工具，其核心是希望跟腾讯合作的这些高校的学生能够在在校期间就体验到企业级的真实开发环境。通过搭建针对性平台，能够覆盖在线学习、实训上机、考试习题及人才就业等多个场景，并在此基础上细分为教学管理、实训、教研三大板块。同时，腾讯在“教研云”的建设方面也做了很多的工作。腾讯“教研云”是基于高校的教学场景搭建的，可提供工科专业、新工科专业实验所需要的镜像资源、数据及代码 API，老师可以根据教学内容提前配置这些资源，并且进行灵活的管理和分配，实现快速的自建教学实验课的能力。在现在这种产业飞速发展的时代，云与传统高校教学方式相融合，才是最适合的方式。
- 举办竞赛。对腾讯而言，竞赛是一种非常能够把产业和高校的人才培养进行结合的方式。所以，腾讯希望通过赛事（如腾讯广告算法大赛、微信小程序应用开发大赛等）的合作，充分发挥其在技术方面的一些优势。同时，腾讯利用产教融合、校企人才培养的经验，以大赛为依托，一方面搭建高水平的学习交流平台，在人工智能、区块链、小程序等领域探讨整个产业的发展，辅助高校进行教育教学改革；另一方面从产业需求和技术发展角度去选拔一批高素质、高技能的人才，助力企业的发展。

- 认证合作。腾讯高校认证中心希望向高校提供一些完善的培训认证的配套的服务，帮助校方建立、完善计算机科学技术，包括网络工程、软件工程、信息安全等相关的专业方向的培养认证体系。

腾讯校企合作解决方案

除了以上实际落地的实践方案，腾讯也为“校企合作”设计了其他解决方案，通过多种形式的融合与合作，助力高校教育进一步提升。

- 产业学院。从用人需求出发，腾讯希望与高校围绕专业群建设中心、腾讯工坊创新实践中心、实习就业中心、社会服务中心这 4 个中心去建设产业学院，最终建设一种产、学、研、用一体化的、带有腾讯特色的产业学院。其中，专业群建设中心主要围绕腾讯涉及的专业方向进行合作；工坊创新实践中心主要基于竞赛赛事进行服务；实习就业中心主要建设基于人才输出的人才招聘平台；社会服务中心主要围绕腾讯云的企业认证资源。四位一体对在校生进行培养和赋能。
- 产业基地。除了产业学院，腾讯还计划与高校合作设立产业基地为当地产业服务。“产业发展，人才先行”，这不仅是校企合作的需要，也是政策发展的趋势。通过这种产业基地的方式能够更好地发挥出腾讯在产业侧的优势，所以产业基地的合作模式一般是腾讯与当地政府联合设立，包括与区域的企业及高校进行合作。基地是一个非常重要的载体，腾讯希望通过一些区域的产业数字化建设，在拉动当地区域经济的同时，能够把与高校合作的学生定向地输送到我们的区域产业中。

小结

腾讯智慧教育除了对高校本身的数字化工作提供支持，还依托腾讯企业平台为更多的高校学生提供帮助。本节以此为要点，详细介绍了腾讯在校企合作中提供的帮助措施，并详细展示了联合培养、认证合作等形式及实际案例。

第 10 章 教育行业热点话题洞见

在本篇中，我们已从宏观及高校实际应用等多个角度，对高校数字化建设工作进行了全方位的分析与阐释。但随着技术的不断发展，线上教学场景作为一种新生的教学模式，正在逐渐成为教学工作中不可忽视的一部分。越来越多的师生主动或被动地将教学工作挪到线上。针对这一新兴的模式，从业者与管理者都有哪些观点与看法呢？本章邀请多位行业专家，针对线上教学三大话题进行深入探讨。

↘ 受访嘉宾

华东师范大学副校长、腾讯云 TVP 行业大使　周傲英

南京大学教授、腾讯云 TVP 行业大使　裴雷

陕西省教育信息化发展研究中心副主任、腾讯云 TVP 行业大使　袁新瑞

新时代下，如何面对线上线下教学出现的常态化问题

周傲英　在我看来，线上线下教学本就应该实现常态化。线上线下常态化是一个必然趋势，在线教育是实现“大规模教育”背景下的“个性化学习”目标的不二方式。在线教育平台不只是提供教学服务，更重要的是通过学习者与平台的交互可以实现数据采集和分析，从而实现更加精准的个性化教学服务。

应该如何保证线上教学模式的规范，提高教学效率

裴雷　线上教学扮演着不可替代的角色，也确实解决了许多实际问题。但无论线上还是线下，评价一堂课成功与否的关键是看最后学生是否有收获，若

这堂课没有达到要求，就要反思其中的问题所在。线上教学可以解决很多功能性的问题，但是仍然不能从根本上代替线下教学，很多问题是必须要有线下协助的。

此外，有些课程适合线上开展，但有些课程只靠线上教学是无法满足要求的，例如数据科学课程，这门课程需要学生真正动手实践，进行编程，而且需要老师和学生频繁交互，而线上教学没有办法一对多地开展在线辅导。因而，在实际操作过程中，线上教学与线下教学相比，仍然有发展空间。

值得一提的是，线上教学相对于线下教学而言，其成本大大降低。因此，美国的在线教育或远程教育可以做到 85% 线上教学，15% 是校园教学，这样可以整体降低教育投入成本。我们不应该只关注线上和线下的渠道问题，而应该重点思考在线教育背后的教育技术是否足够匹配最终的教育效果。

线上录播教学是否影响学生状态及教学效果

周傲英　录播是迫不得已的办法，录播不是在线教育。无交互，非在线；无主动，非学习；无数据，非智慧。没有交互，那就是以前的电视大学。

在线教育是先进的教育方式，是教育数字化转型的基础。把线下教学搬到线上，就是一种“互联网 +”。与互联网融合会产生“化学反应”，在线教育给教育变革带来难得的机遇，传统线下做不到的很多事情可以通过在线教育来实现。

袁新瑞　我一直坚持反对两件事，一是反对录播，二是反对学生拿平板上课。录播是对教学信息化最大的伤害，只有录制最精品的内容让大家能够花较短时间听懂一个复杂问题，录制课程才有意义，否则录制课程只是对教育资源的极大浪费。

如果要问线上教学和线下教学，到底哪个才是将来最重要的形式，都不绝对，这完全由教学需要而定。在这个过程中，首先，线上教学重点要解决终端设备的易用性，环境要简单；其次，线上资源一定要保证品质；最后，教师的教学设计，一定要下足功夫。

现阶段，在高校，线上教学发挥作用的深度还远远没有体现出它自身所具有的价值，教学内容服务体系的智能化和丰富程度与智慧教育变革的目标还有很远距离，仍需要百尺竿头，更进一步。

第四篇　智慧零售篇

零售行业或许是一个人类有商品交易以来，就长期存在，且规模庞大、角色复杂的古老行当。从古至今，买与卖的本质未变，但零售行业的发展总是处在革新之中，发展内涵也不断延伸。进入数字化时代以后，零售行业更是彻底突破了时间和空间的限制，进入了全新的发展阶段。

本篇将从零售行业的本质出发，探讨零售行业内快消品、生鲜品等多个业态中，数字化工作的不同内涵与发展，深入剖析在数字化建设过程中数字技术给零售行业的商业模式带来了怎样的影响，各细分行业的智能化现状是怎样的，零售行业的数字化转型有哪些关键问题需要解决，该如何更好地用数据驱动业务发展。

第 11 章 零售与产业互联网

本章将从智慧零售行业发展现状开始，宏观分析现阶段智慧零售建设要点和待解决的问题，并通过智慧零售建设的场景、技术等多个方面，全面解析智慧零售未来发展方向。

↘ 智慧零售行业的发展趋势与产业变革

中国国际商会产业供应链委员会副秘书长、腾讯云 TVP 行业大使 张明钟

从技术的角度来看，零售行业的转型有它的独特性与复杂性。近年来，几乎各个零售企业都将数字化转型提到了至关重要的位置，无论是面向 C 端还是面向 B 端的零售，都在进行数字化探索，但很多企业其实并不知道从哪里着手。作为发展历史极其悠久的行业，零售行业的数字化发展应该向什么方向努力呢？本节将探讨智慧零售的发展特点、技术路径，以及在新基建背景下智慧零售未来的发展趋势。

智慧零售发展现状

什么是智慧零售？智慧零售是移动互联网大范围普及后，对零售行业新发展的重新定义，即运用互联网、物联网技术，感知消费习惯，预测消费趋势，引导生产制造，为消费者提供多样化、个性化的产品和服务。其价值在于 3 点，一是智慧零售融合了线上线下，将有效提升消费体验；二是智慧零售实现了新技术赋能实体产业发展的新模式；三是未来完善的智慧零售将打造出一个开放共享的商业生态新模式。

就传统零售商而言，应该如何着手布局智慧零售业态升级呢？核心主要在于传统零售的 3 个方面的全面升级。

- 人。总体来看，对消费者的洞察可以根据构建用户画像、行为预测与精准营销、增强用户体验 3 个维度来划分。三者协同发展，将产生充分的数字化驱动力。
- 货。商品管理强调控制商品信息传播与用户消费行为的互动，提升用户体验。供应链管理提升体现在仓储配置、库存布局、分拣技术提升、人员成本控制、质量控制、物流管理等。
- 场。大型场景中，对于最小存货单位（stock keeping unit，SKU）商品的精细化管理是决定效率的关键。无人场景强调无人零售的概念，关注大数据、社交、入口价值。而特色场景则需满足用户个性化的需求。

在消费品零售行业数字化的持续推动下，网络零售对国内消费市场的贡献作用持续提升。未来，在消费品零售行业数字化下产生的新业态、新模式将更多地迎合居民消费升级的需求，持续推动国内消费市场的提质扩容。

智慧零售的发展特点、技术路径与典型应用

基于以上数字化发展方向，随着信息技术的发展，我们能够将云计算、大数据、物联网等技术更好地融合到传统零售的各个环节中。新技术与零售行业的融合将是必然趋势，优质的技术将有效提升行业效率，为零售行业创造更高的价值。那么，如何将新技术与行业融合呢？主要有以下五大技术需要重点关注。

- 云计算：运用于行业基础建设。通过搭建零售云，保证线上与线下以及各实体网点间的数据在线互通，为零售商提供统一的数据管理平台，为消费者提供线上线下打通优化的消费体验，使服务便利，通过口碑传播，增强客户黏性。
- 物联网：可运用于仓储、物流等数据采集。在生产环节可以增强供应链的柔性程度；在物流环节可以加快商品流通、降低损耗、降低成本；在消费端可以解决线下获取消费者数据的难题，构建线上线下数据管理闭环。
- 大数据：有效应用于数字营销、风控等方面。基于线上线下的消费者数据，可实现对客户的 360° 画像，针对客户进行个性化产品推荐，帮助

企业进行客户群体分析；基于消费者各个维度的数据分析可以提升对消费、金融等业务的风控能力。

- **人工智能**：可应用于生物识别、消费者趋势洞察、商品运营策略优化等领域。基于需求和消费者决策逻辑的预测性建模，结合测试方法和模型学习，建立本地化、个性化的商品组合和陈列，发现新的品类开发等创新机会。
- **区块链**：用于企业正品溯源等。创建联盟链，通过商品流通各个环节的企业的杜绝假冒伪劣商品的出现。

通过应用新技术，我们可搭建起柔性供应链与物流体系，通过生产、仓储、出库和配送四位一体的网络建设模式打通人、货、场三大环节，真正实现零售行业数字化，触达消费者，如图 11-1 所示。

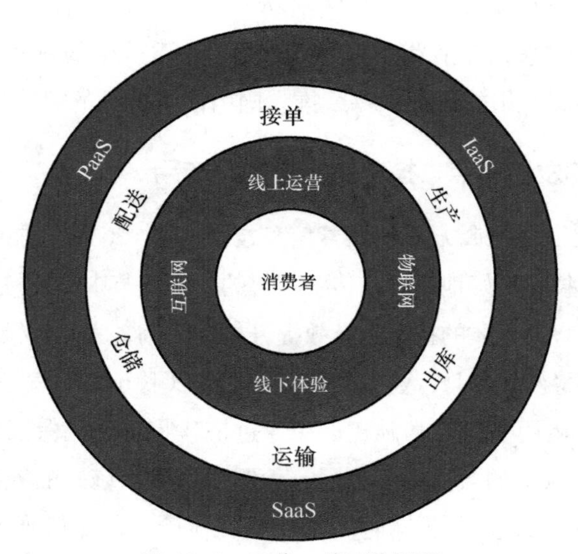

图 11-1　四位一体零售网络

如今，智慧零售的业态升级模式逐渐向泛零售行业输出，以消费者体验为中心的数据驱动模式正在影响各行各业。从智慧零售行业的发展历程来看，服务的品类延伸经历了从产品到服务、从标品到非标品、从零售到泛零售的延伸。归纳下来主要分为 3 个阶段：第一阶段，标准化程度最高、轻服务的品类，如图书、日化用品、家电数码等，率先得以线上化；第二阶段，生鲜等非标准化、轻服务的品类的线上销售开始高速增长；第三阶段，随着互联网在居民生活中渗透的持续深入，一些非标准化的、重服务的品类，如教育培训、家居装饰、医疗健康等，开始越来越快速地发展。

新基建下智慧零售行业未来趋势

随着零售行业数字化程度的逐渐加深，以及国家新基建政策的加速推进。未来，智慧零售行业还会有哪些新的发展机遇呢？主要有以下 3 个方面。

- 三四五线城市渠道下沉。相比一、二线城市，三四五线城市及农村地区的消费结构更加健康，智慧零售的基础设施建设还有待完善。以社区团购等为代表的社交购物模式正在这些地区快速扩散。
- 非标准的服务类泛零售商品线上服务。第三产业的发展将是我国经济未来的主要增长力，各类新兴技术的发展有助于将非标准的服务类商品数字化，搬到网上。
- 智慧零售相关的科技加速落地。智慧零售的核心是提升消费者的消费体验，而零售行业是刚需行业。大数据、人工智能、AR/VR 等新技术在零售行业中的应用，也将反向推动这些技术的迭代。

现阶段正是智慧零售高速发展的黄金时期。完备的基建和大量高新人才的涌入，将使未来的智慧零售持续增长。

小结

零售行业涉及的品类繁杂，供应链冗长，且众多供应商以小微企业为主，想要系统进行数字化建设难度颇大。本节便从宏观角度出发，对零售行业的数字化建设与发展进行了深入分析（从零售行业的发展现状到背后的技术应用），同时对未来零售行业的数字化建设进行了展望与思考。

↘ 数智化驱动零售行业发展新常态

多点 DMALL 总裁、腾讯云 TVP 行业大使　张峰

近年来，数字化已经升级在国家政策中不断被提及，其重要程度也在逐渐

提升。可以说，如今各个行业都要被数字化重构，进行新一轮的升级。而在此之中，零售行业是一个巨大的赛道，涉及领域众多，数字化转型也比其他行业更加复杂。本节我们将从零售行业发展现状及痛点出发，探讨数字化对零售行业的意义。

零售行业发展现状及痛点

相较于其他行业，零售行业有很多显著的特征，例如产品种类多、销售渠道长、线上线下同步发展等。作为拥有漫长发展历史的一个行业，近年来，随着互联网的发展，在新常态下，零售行业也呈现出了一些新的发展趋势。

- *以消费者为中心*。现阶段，消费者越来越成为商业活动的中心，消费需求趋于个性化、多样化；零售行业需要对消费者形成全景洞察，找到有效顾客并正确匹配其需求。
- *全渠道发展*。消费时间、空间壁垒逐渐消失，线上线下加速融合，全渠道发展模式是大势所趋。
- *品牌数字化*。品牌与消费者的关联越来越强，全链路、全媒体的全域营销成为品牌商获客的关键能力。
- *新技术驱动*。云计算、大数据、人工智能等新技术为零售行业发展提供了增长驱动力，提升了消费体验，并帮助运营降本增效。
- *零售场景化*。实体零售以场为出发点，为消费者提供有温度的消费场景，同时挖掘线下数据的价值。

随着数字技术的不断普及，除了新的趋势，原有的一些零售理念已经不再适用，在传统零售的人、货、场 3 个方面都急需革新，有很多痛点已经浮现。

- 在人的方面，对传统零售行业而言，面临门店来客下降、营销手段单一、用户洞察不足、缺少获客渠道和用户触点等问题。
- 在货的方面，存在新品引入效率低下，不懂消费者需求；陈列规划效率低下，难以驱动门店销售；库存周转率高、信息不准、流程慢等一系列问题。
- 在场的方面，存在店务工作缺少有效管理；履约能力弱，作业工具和流程跟不上单量增长；快餐区商品管理效率低下，收银人力成本高、销售损失高等问题。

可以说，这一系列痛点如果不解决，将显著降低未来零售企业的市场份额，导致其无法适应未来进一步加快的市场迭代速度。如何解决这些问题呢？数智化将是零售行业持续发展的必由之路。

数智化能力是零售商突破增长瓶颈的关键

为什么说数智化能力是关键呢？数智化来源于数字化，而数字化则来源于信息化的发展。对于传统零售行业，大部分企业的信息化水平不高，其原因主要在于数据搜集能力的缺失。无法进行准确、大量的信息搜集，就无法完成信息技术与业务的深入融合，也不可能进行智能决策。基于此，企业应该有一套底层基础设施协助企业搜集数据，再通过 SaaS 等云计算方式，更好地推动企业部分业务智能化，逐步迭代与前进。

同时，零售的关键在于渠道。整体渠道的变革，对于企业销售流程的数字化建设至关重要。所以，对零售行业而言，只有进行供给侧结构性改革，才能更好地满足用户需求。供应链、商品、门店、营销等方面的管理都应该进行解构与重构，用数字化的方式进行全新的布局与升级，提高企业运营效率。

最后，零售行业的升级，很难由一家企业独立完成，通过平台协助企业进行升级效率会更高。为什么这么说呢？零售行业虽然规模很大，但是普遍呈碎片化，单一企业的规模较小，很难用自己的方式建设基础体系或平台，所以通过现有平台协助企业进行数字化建设将是更好的解决方案。

如何帮助零售行业进行数智化转型

多点 DMALL 作为一家零售行业的数字化服务企业，多年以来始终致力于帮助更多的客户完成数字化建设。多点通过小程序、App、HTML5、Web 等多种形式，联合云重构零售产业链，为客户提供端到端、易部署、可延展、安全的一站式解决方案。

- 基于真实业务场景、行业洞察与先进技术的有机融合，有针对性地解决零售商在实际经营中的痛点。
- 专设客户成功团队，将客户成功经验与解决方案相结合，提供行业咨询建议，助力商家业务增长。

- 高效连接零售商、品牌商和用户，将B端内在机理与C端用户洞察相结合，做到数据驱动业务增长。
- 再通过数字零售操作系统（DMALL OS），实现商品智能运营、会员管理、智慧门店，真正做到对人、货、场的全面重塑。

除了以上内容，我们在对零售行业进行深入分析后，总结了零售行业数字化建设的以下重点方向。

- 智能商圈：洞察门店周边情况，通过位置详情、竞对分析、损益预估等，提升到店客流，驱动会员增长。
- 私域流量：引入腾讯生态能力，构建私域流量，实现流量变现，解决营销手段单一的痛点。
- 联合会员：通过搭建多点与其他平台的联合会员，助力商家提升用户黏性，提高用户留存与复购率。
- 净推荐值（net promoter score，NPS）调研：以用户的真实反馈作为业务优化依据。
- 智能选品：基于大数据驱动的商圈画像，实现门店选品“千店千面”。
- 智能陈列：通过陈列流程数字化，提升商品周转与动销效率，助力销售增长。
- 自动补货：基于人工智能销量预测，提升补货效率与质量，加速库存周转。
- 供应链协同平台：通过全流程在线化，提升商品和供货商引进效率。
- 智能排班与员工在线实时看板：通过数据驱动，科学提升人员管理效率。
- 智能拣货：适配最优履约模型，智能提升拣货作业效率。
- 智能配送：提高配送时效，确保全程作业在线。
- 智能派样机：全渠道消费场景下精准派样，提高品牌渠道推广效果。
- 快餐区智能管理和收银体系：快餐智能生产加工，降低损耗，提升销售。
- 商品鲜度管理：通过系统自动化预警，提升新鲜度，降低产品的出清与废弃效率，避免产品堆积。

同时，多点与腾讯合作推出“多腾计划”。腾讯提供底层技术，多点提供行业视角，多点与腾讯共同搭建的体系，能够更好地服务零售商与合作伙伴。

总体而言，未来的行业内将不会再区分线上和线下企业，线下企业如果能够存活下来，它一定是一个数字化的企业，其底层应该也需要数字化赋能。

小结

本节结合多点多年的实践经验，重点探讨了目前国内零售行业数字化建设的现状与痛点，并针对零售商无法突破增长瓶颈的问题，提出了针对性的解决方案，即以数智化方式进行技术突破。随后，我们顺势对零售行业的多个重点方向逐一进行了数智化解决方案分析。

第 12 章 零售行业企业转型实践

本章将以特殊品类零售产品头部企业的经验，解析特殊品类商品实际数字化建设过程中的要点，深度解答数字化建设较难的乳制品及生鲜零售行业是如何完成全流程数字化建设的实际落地的。

从“草原牛”到“数字牛”：蒙牛的数字化转型之道

蒙牛集团 CIO、腾讯云 TVP 行业大使 张决

零售行业的发展总是处在革新之中，进入数字化时代以后，零售行业进入了全新的发展阶段。随着技术的不断升级，众多零售和品牌制造的企业依托多样的前沿科技，在数字化转型方面展开了深刻的探索。但在此之中，商业的本质和商业的方式是否发生了变化？作为传统乳制品企业，蒙牛又是如何进行数字化建设的？本节将探讨这些内容。

变与不变：商业的本质与商业的方式

当我们在探讨数字化转型时，其背后代表的商业的本质发生了变化吗？从蒙牛集团的角度看，商业的本质并没有发生改变，仍旧是希望商品卖得更多、卖得更赚。

如果只是指数字化的建设依靠单一的 IT 部门自己来推动的话，并不能称为“数字化转型”。数字化转型一定是用数字化的手段和技术来支撑业务的转型。蒙牛集团在推进数字化转型的过程中，高管团队、业务骨干都参与了顶层的设计，发现商业的本质并没有发生变化，变化了的是商业的方式。因为技术

的突破，导致了消费者的习惯和企业触达消费者的方式发生了改变。

其实，数字化时代是一个无时差的消费时代。在时间维度上，企业不仅能够对消费者的碎片时间充分利用，也能够在琐碎的时间里提供更专业、更精准的服务；同时，在空间维度上，不仅实体门店、电商网站，各个渠道空间都能使消费者享受到一致的购物体验；最后，在心智维度上，企业将不再局限于满足消费者常规的需求，还可以满足特殊人群的个性化需求。

在这样的背景下，如何满足消费者的无时差消费需求是数字化时代企业需要解决的一大难题。借用经典的 AIPL（awareness,interest,purchase,loyalty，认知度、兴趣、购买、忠诚度）模型，我们从知晓、了解到转化（购买、复购、分享和留存）等多个维度进行分析。例如，在短视频、社区等形式的公域内容平台，产品都是在短视频中不知不觉被关键意见消费者（key opinion consumer，KOC）、关键意见领袖（key opinion leader，KOL）“种草”从而下单的。再如，微信是通过小程序，在知晓、了解的同时进行云转化的，只有在每个消费者能够触达的触点中融入一些新的业务动作，商业方式的改变才能推动消费的扩大与升级。

值得一提的是，如何构建“围绕人、货、场全维度洞察，数据驱动，全链路赋能”的模式，是企业数字化转型的关键。在做品牌分析时，我们必须在基于货的分析中基于人和场，分析不同的圈层对于不同的产品的需求点，通过数据的洞察与解读来赋能，如图 12-1 所示。

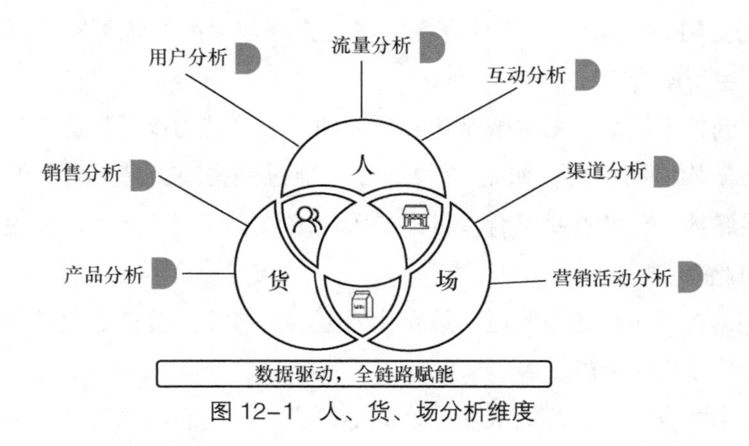

图 12-1 人、货、场分析维度

蒙牛数字化转型的战略思考

虽然商业的本质没有变化，但是商业的方式发生了变化，我们有了更多全新的方式和数据洞察的能力，所以我们的业务模式一定要进行转型。

基于这样的思考，蒙牛集团在 2021 年制定了数字化转型战略，通过打造蒙牛数智化新基建，助力蒙牛从传统快消向科技快消的角色转变，实现“再造一个新蒙牛”战略。利用数字化引领业务发展，从传统快消企业转型为科技快消企业。

在这样的新战略下，现有的业务模式将被彻底革新。在顶层设计上，可以总结为以下 3 个聚焦的方向。

- 全域的消费者运营。要做到全域精准用户洞察、差异化自动营销及服务、深度用户运营、敏捷需求响应等。
- 全渠道销售 / 履约能力。要做到渠道管理透明化、BC 一体化、线上线下一盘货。
- 智慧供应及生产。要做到工厂智能化、端到端供应链可视化、供应链上下游智能协同。

在业务转型的同时，要做到全价值链的数据赋能，实现一体化可复用能力沉淀，做好协同化组织配合等关键节点。在供货管理上，因为蒙牛有常温、低温、鲜奶、冰激凌、奶酪等多个最小存货单位（stock keeping unit，SKU），业务线繁杂，且不同品类的供应链要求不同，在这些业务的转型过程当中，要尽可能做到复用 IT 的能力，避免资源浪费，更好地对品类统筹管理，最后达到协同化的组织配合。

具体到技术层面，蒙牛数字化转型中的一个关键动作是打造蒙牛三位一体的微服务架构协同平台，如图 12-2 所示。通过经销商交易平台、渠道运营平台、无界履约平台的有机结合，可以最大化解放业务的生产力，实现数据驱动与赋能的业务发展。

此外，在供应链业务转型、数字化转型、制造业务转型等关键方向上，我们也需要采取相应措施。

对蒙牛而言，供应链的成功就是蒙牛的成功。我们需要通过数字化手段来提升供应链的空间。一个非常完美的供应链最开始需要从销售预测做起，只有拥有了精准的销售预测，从原辅料采购、生产排产、物流调度到最后仓库、工厂布局才能实现降本增效。

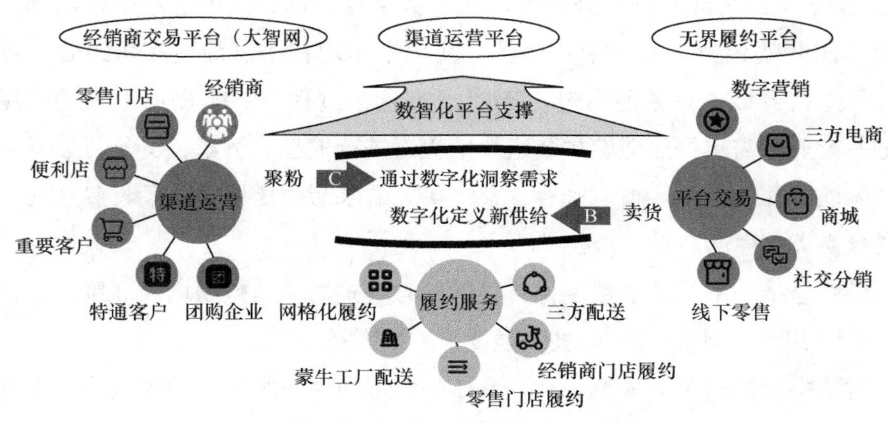

图 12-2　蒙牛三位一体微服务架构协同平台

在数字化转型和制造业务转型层面，首先需要保证数字化的安全；其次是业务数据做到实时在线，实现全面业务数据的在线化，并进行信息化建设，实现信息化系统管理。最后还有更关键的一点，是对于数据创新的应用及算法的引入。

综上所述，数据决策是蒙牛未来作为科技快消企业的核心竞争力。为此，蒙牛集团将以数据创新应用、数据治理、数据运营组织和数据中台四大举措来为数据决策实现保驾护航。

技术突破成就蒙牛业务转型

信息化和数字化的区别是什么？这不禁引人再次深思。实际上，信息化只是一个支撑，最初是用数字做一些整合展示，逐渐起到降本增效的作用。现在的数字化是更高维度的存在，本身就可以帮助业务去营收。

由信息化迈入数字化以后，企业信息技术（IT）部门的职能也发生了变化，演变为现在的双模 IT 形式，也就是一方面通过治理模式，搭建稳固的企业架构，重点依靠记录型系统来构建预见性的模式，提升和改造已知领域；另一方面通过业务敏捷的提升，把控外部风险变化，通过创新型系统来构建适应性的模式，实验性地解决新问题，这是企业赢得数字化转型的关键。

在现阶段，双模 IT 形式能够有效应对数字化转型所带来的“非对称性风险”。蒙牛集团为此将信息技术部改成了数字科创部，其中了数字科创部的数字技术团队就相当于一个中台团队，其核心作用在于沉淀更多可组合、可重用、可迭代升级的业务能力包（PBC）。在这个过程中，IT 团队最大的作用在于把所有业务需求按照能够拼装组合的程度进行梳理、解耦，支持拼装式企业的“智能协作、价值共创”平台，最终实现需求的快速实现与最大程度的复用以及乐高式的即插即用灵活性。

最后总结一下，蒙牛数字化转型的核心等式为“指数型增长高维商业模式 $=(\text{人才密度}\times\text{创新广度}\times\text{技术强度})^{\text{商业模式的维度}}$”。

对蒙牛这样的企业来说，从“草原牛”迈向“数字牛”的关键是，做到了上述几点的协调，才能在数字化转型时代实现成功。

小结

本节从蒙牛集团的数字化建设情况出发，对零售行业数字化建设进行分析。从商业本质着眼，多年来商业的本质从未变化，零售数字化的建设工作也一定要围绕着零售的本质进行。本节还对蒙牛 2022 年 4 月前的数字化建设思路与技术选型进行了详细的分析与介绍，为读者提供借鉴。

第 13 章　智慧赋能零售

近年来，随着线上零售业务重要性的持续增强，腾讯在零售行业进行深度布局，并协助多家头部企业完成数字化建设工作。本章从实际案例入手，解析腾讯对智慧零售行业的理解，以及腾讯作为一家互联网企业能够赋能零售企业的新“玩法”。

↘ 智慧零售：数字化助手到商业增长伙伴

腾讯智慧零售商务总经理　叶剑

企业的数字化转型，不仅仅是 IT 系统的数字化，更是用数字化工具不断贴近消费者，为企业积累数字资产的过程。近年来，随着国家在升级数字化互联网的过程中，对企业数字化建设的要求不断提高。对于整个零售行业的数字化建设而言，正在由曾经的“浅水区”逐渐向“深水区”迈进。

智慧零售三大趋势转变

零售行业市场的转变可以从数据直观地看到。据腾讯营销洞察（TMI）和波士顿咨询公司（BCG）联合发布的《2021 中国私域营销白皮书》显示，从 2018 年到 2020 年，我国的线上线下交易额始终维持在 40 万亿元左右，并没有发生太大的变化；其中，线上的交易规模从 7.2 万亿元提升至 11.8 万亿元，但在整体总量结构中发生的变化也并不大。这标志着，我国的零售行业市场已经由过去高速增长的“增量市场”转变为“存量市场”。但在这个过程中，机会存在于哪几个方面呢？主要存在于以下 3 个方面。

- 全渠道数字化。虽然现在市场已经到了存量市场阶段，但是在过去的两年间，微信小程序的商品交易总额（gross merchandise volume，GMV）复合增长率都达到了100%。站在未来内循环为核心的角度来看，在市场总额变化不大的情况下，小程序的高速发展证明了，未来各企业私域的布局将是重中之重。国内的零售市场也将从线上渠道的数字化探索，进化为线上线下渠道的数字化融合赋能。
- 品牌电商2.0升级。近年来的另一个大趋势就是品牌电商的升级。过去我们可以看到品牌的私域电商，无论是App还是小程序，能达到10亿元规模销售额的凤毛麟角，但是近年来，随着中国品牌实力的增强，品牌电商迎来了高速增长。这将是未来各大品牌发力的重点方向，并逐渐从各品牌和零售商最初简单、单一的私域小程序平台搭建模式，发展到全域的体验提升。
- 消费者数字化资产深耕。现阶段，各大零售企业的消费者运营还是单一的CRM体系，但未来一定会不断延展，覆盖消费者全生命周期。

基于以上三大趋势，未来我国的消费品市场及零售行业，仍有巨大的潜能有待挖掘。腾讯也希望与各大零售企业合作，在行业中共进。为此，腾讯搭建了一套服务与支持体系，希望能够进一步打通内外资源，发挥自身的C2B（customer to business）连接优势，帮助客户从点状的数字化升级到搭建全面的数字化增长引擎，让数字化转型发挥最大效益。这套体系简单总结下来就是“四大引擎”与“两大支撑”。

四大引擎

我们通过以下的连接、运营、交易和数据四大引擎，助力客户在数字化建设过程中走得更稳健、更便捷。

- 连接引擎。基于多年来在C端产品及社交领域的深耕，腾讯最大的能力就是对于人的连接能力。但除了人，腾讯还可以帮助企业将人、货、场进行有效的连接。同时，腾讯可以帮助企业将运营过程中对应的点、场、渠道等部分也进行有效的连接。通过人工智能与大数据等技术的支撑，提高数据准确性以及决策效率，真正帮助企业从之前简单的消费者连接提升到全渠道终端连接，积累消费者数字化资产，提升渠道效能。

- 运营引擎。腾讯将更多地赋能生态合作伙伴，真正从简单的 CRM 运营扩展到客户的全域运营中，同时将运营能力、厂商资源以及腾讯总控核心能力整合，一起输出给客户来提升其未来营销云的能力。短期来看，我们将助力客户构建可识别、可洞察和可触达的能力；中长期来看，我们将打通全域的用户自查 ID，真正形成以消费者数字化资产的整合统一为基础，搭建起数智化运营体系，提高消费者运营效率。
- 交易引擎。在交易方面，我们将能力进一步沉淀，并升级私域相应的交易场，特别是以微信小程序为核心的交易场。搭建起“云 Mall”小程序升级底座，分行业输出场景化模块，提升私域交易承接转化力。将小程序、公众号、视频号等内容进行联动，把产品真正的价值以及企业希望播种的心智播种到用户心里，并不断使这个过程更加智能、高效。
- 数据引擎。腾讯希望将自己多年来积累下的大数据能力拿出来与大家共享、共建，通过“数据产品 + 轻咨询”的模式，从更高、更全的视角，用更快的效率来帮助企业提升经营数据，同时也使前 3 个引擎更加智能化。

两大支撑

为了保障四大引擎的顺利运转，也希望将技术实力更多赋能客户，腾讯与客户一同建立两大支撑体系，真正实现完备、可持续的数字化建设工作。

很多企业都已开始数字化转型，但取得突破的较少。所以，当下如何选择适合的突破口和适合的伙伴应该是企业家心中的困惑和极大诉求。具体来说，很多企业在数字化发展中可能存在几方面的挑战。例如，仅将数字化当作工具，而生产关系和生产资料不匹配，这是组织力上的挑战；品牌价值体验方面，在品牌影响力、产品价值和服务体验 3 个方面共同发展的问题，这是产品力上的挑战；营销数字化基建能力不足，特别是在商品数字化和空间数字化方面，缺乏数字化资产、科技工具和强运营支撑下的消费者洞察和深度的用户运营，以及线下泛零售进入多元化业态和消费者沉浸式体验场景的发展思考，这是商品力和运营力上的挑战。

针对以上挑战，腾讯智慧零售也在快速升级，形成了从运营力、产品力、商品力及组织力 4 个层面的助力模型，结合腾讯最大的连接触达优势、社交优势、技术产品优势，与零售企业一起攻坚建设，从企业内部降本提效到商业创新场景突破，让每一分投入都有短期、中期效果，如图 13-1 所示。

图 13-1 腾讯四力商家增长平台

除了以上几点，腾讯还会为合作伙伴提供完善的服务保障，从售前、售中到售后，以及重大的活动，腾讯都会基于自身技术实力，为客户提供细致的保障，为零售客户的数字化建设保驾护航。

综上所述，在三大趋势的发展背景下，我们将利用四大引擎的升级，以及腾讯完善的支撑体系，打通腾讯内部的各项资源，与外部强大的生态与产业合作伙伴一起面对零售行业未来的挑战。

小结

多年来，同样对零售企业的数字化建设提供了较多的支持与帮助。本节对此进行了系统的介绍，总结为“四大引擎”与“两大支撑”，并基于这两种方式及其特点，对腾讯的智慧零售解决方案进行了完整的解读。

↘ 科技助力零售最佳实践之道

腾讯智慧零售垂直行业商务总监　吴纯泽

所谓的数字化与智能化，不能仅靠简单的工具或软件来完成，数字化本质上是结合更多的数据、人工智能与科技能力，更好地以消费者为中心进行整体化的服务。而在国内，能提供这样方式的服务商并不多。

趋势探讨——行业数字化浅水区迈向深水区

根据 BDO 发布“2021 Retail Digital Transformation Survey”中给出的数据，目前全世界范围内的零售行业中，有 85% 的企业都非常重视数字化战略并已经开始了数字化实践，而在此之中，提升“消费者体验”与“供应链效率”又是优先级最高的类目。所以数字化在当前市场环境下，已经是一个必选题，企业需要拿出相应的数字化策略。

同时，在这样的市场环境下，零售行业出现了以下 3 个非常明显的趋势，也预示了数字化转型已经从浅水区迈入深水区。

趋势一，全渠道数字化带来新的生意增长。从线上渠道的数字化探索，到线上线下渠道的数字化融合赋能，多重业务场景的数字化模式正在实现。2021 年，微信小程序的商家自营销售额实现快速增长，小程序成为线上线下多重业务场景数字化的核心场景。

趋势二，私域正在成为一种新的生活方式。企业需要利用“系统 + 运营”为消费者提供更加全方位的体验。在我国，目前私域已经具备了渗透高、黏性强、易习惯、影响大、交易频等特性。据腾讯营销洞察（TMI）和波士顿咨询公司（BCG）联合发布的《2021 中国私域营销白皮书》显示，我国私域触点的渗透率达到了 96%，我国消费者平均每天在私域触点上花费的时间达到了 1.5 小时，这些都是零售企业应该着重向私域场景发力的有力支撑。

趋势三，消费者全生命周期运营带来更高的生意产出。消费者与品牌的触点增多，如何延展消费者长期生命价值成为企业必修课。在“去中心化流量时代”，消费者决策前往往需要 9 ～ 15 次营销接触才能实现购买动作，其中社交场景、线上媒体更是成了品牌认知的主要渠道。因此，以消费者为中心去做多渠道全生命周期的运营将是未来发展的关键。

腾讯布局——从战略到组织全面支持产业互联

在这样的趋势下，腾讯凸显了从战略到组织全面支持产业互联的决心。腾讯最大的优势在于拥有足够多的本土C端资产，如何将这些资产和品牌方进行更好的整合，将是腾讯未来能够服务好零售客户的关键。与腾讯C端产品的多样化生态不同，腾讯的B端产品更多需要的是统一的界面，将我们的产品统一、系统化地输出给品牌方，更好地服务他们。如今的腾讯，借助多样化的数字内容、日活领先的线上交易平台以及背后庞大的消费者群体，已经构建起在内容场、交易场和社交场与传统零售品牌完美互补的社交零售交易生态。目前，腾讯多个事业群及生态体系内的资源都已整合起来，期待为更多的零售企业提供智慧零售的技术、产品能力，如图13–2所示。

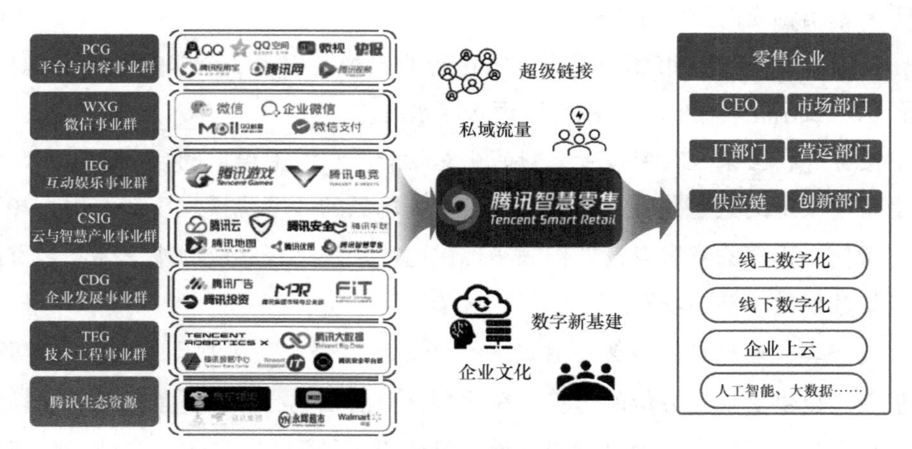

图13–2　腾讯智慧零售联通内外部资源

腾讯已经与零售各垂直行业近千家企业携手，希望能够在微信小程序端扶持零售企业实现超百亿元商品交易总额（GMV）的目标。

他山之石——零售各细分行业案例解读

截至目前，腾讯云在与零售各细分行业合作过程中，已经拥有了非常多的典型案例，从成功实践的场景出发，帮助零售行业实现各自的数字化转型最佳实践。

例如，某鞋服头部企业，希望提升品牌私域 GMV，提升品牌私域用户量级，希望有创新的消费者运营策略，但原有平台技术架构存在问题，持续迭代能力差，敏捷性不佳，持续运维能力弱。为此，该企业携手腾讯云重构了其线上业务，通过一整套的 GMV 增长规划方案，实现了私域 GMV 倍增的效果，如图 13-3 所示。

图 13-3 某鞋服头部企业品牌应用案例

例如，某商超头部企业，面临生鲜到家、社区团购、品牌自营商城等新渠道冲击，传统线下卖场急需打造自己的数字化能力。腾讯云与该企业合作，帮助其升级企业自营商城，提升了其私域交易承接转化力，系统已经上线近 3 年，稳定性和口碑都非常好，线上商城的建设有效地帮助企业应对突如其来的风险，近年来业务总额也稳步提升。

总体来说，腾讯智慧零售不仅能够为各大品牌提供技术支持，还能够为行业伙伴提供从公域高效引流，到私域精细运营、内部降本增效、数据沉淀与反哺，再到底层云资源全打通的全生态数字闭环。

小结

本节从零售行业发展趋势入手，系统地介绍了腾讯在智慧零售行业的布局，以及腾讯依托多年的技术沉淀为零售企业提供的系统技术支撑，然后通过实际案例详尽地分析了对多样态不同企业提供的技术支持与帮助。

第 14 章 零售行业热点话题洞见

在本篇中，我们已经对不同业态、不同模式的零售行业数字化建设内容进行了深入的分析，但更多的分析是基于现状与技术背景进行的。作为发展日新月异、技术高速迭代的行业代表，未来零售行业数字化发展又有哪些新的方向呢？本章将针对这一话题，邀请两位业内资深专家进行深入的分析，呈现他们的洞察。

↘ 受访嘉宾

多点 DMALL 总裁、腾讯云 TVP 行业大使 张峰

爱慕集团 CIO、腾讯云 TVP 行业大使 朱远刚

智慧零售行业的数字化未来如何破局

张峰 当前无论零售还是消费，都深得创业和资本投资的青睐，新零售也逐渐受到人们的关注。其实不管是新的品牌还是新的零售，实际上都是利用新商品、新场景和新服务来满足用户的新需求。

它在从 0 到 1 的测试过程中，必然存在着很多不确定性因素，因此这种创新会带来较多的损耗。其商业本质并没有变化，最后都是用更好的商品和服务去满足用户的需求。传统零售或者传统品牌，抑或是新零售，毋庸置疑，大家的方向都一样，只是实现的过程或路径不同。

从整个阶段来看，大家开始在从 0 到 1 小范围试错时，目标可能更准确一些，避免了一些没有必要的试错。而从 1 到 N 的复制过程是否顺利是对整个公

司的架构和组织能力的全方位考验。是否具有复制能力也代表着新的业务是否真实、有价值，其商业本质上并没有太大区别，只是资本的加持让创新加速。最后，我们要对企业更加宽容，让他们的创新能够更好地从各种场景中满足用户新的需求。

朱远刚　在我看来，企业首先需要明确自己数字化的目的，例如，一些头部互联网平台企业的目的是通过自己的专有能力来建设自己的平台，包括创新的业务模式和生态的建设，尽管短期无法盈利，但长远来看是能收获巨大红利的。但对于大多数中小企业，数字化的目的肯定还是价值和收益排在第一位的，那么我们就可以考虑和成熟的平台公司进合作，以成熟产品和平台工具实现小步快跑的可持续发展之路。

智慧零售行业的未来机遇有哪些

张峰　在我看来，传统零售行业进行数字化转型便是其机会之一。目前，传统零售行业的数字化能力或者信息化能力明显不足，其转型也亟须使用整套解决方案来支撑。新零售企业在品牌和渠道两方面都要进行拓展，以保证拥有相应的能力。此外，在数字化的支持下，我们也可以加强与外界的合作，利用数字化基础设施进行更高效的转型支持。

朱远刚　未来最大的机会在线下业务，因为当前线上业务数字化的内容相较于线下更为完善且提升空间较小，但线下相关业务对很多传统企业而言，仍有较大机会，例如传统企业门店的数字化、运营的数字化、服务的数字化及商品决策的数字化过程，这些数字化更多的是一些传统企业内部能力的建设。

另外，传统企业如何在一些头部企业中整合上下游的企业资源，搭建协同平台，提升整条供应链上下游企业之间的整体效率，也是未来可能的机会点。

智慧零售中的智慧未来的发展方向是什么

张峰　毋庸置疑，智慧肯定是最终的方向，但是在应用场景上还是需要与不同的业务结合来看。其实它有一个逐步迭代、演进的过程，在数据基础上，国家监管将会推进行业规范地向前发展。

数据可以帮助我们智能化决策，同时也可以帮助我们快速印证、核查过往决策准确与否，以便更好地指导我们的业务发展。当前零售行业的数据应用产生在多个方向，能够更好、更快地驱动整个业务的决策和优化。当然，数据的应用需要过程，应用的快慢与业务的场景强相关，好的场景，其数据应用迭代也会更快。数据是重要的生产力，首先需要保存数据并进行数据清理，在此基础上用好生产要素，从而提升企业的竞争力。

朱远刚 智慧化是各个企业的重点内容，也是企业未来的必然方向。现在对零售企业来说，线下业务智慧化难度比较大，线上业务已基本实现了智能化决策，其最核心的关键点是线上的数据是完整闭环的。由于基础设施和隐私等方面的限制，线下业务至少在现在甚至未来很长一段时间，很难采集完整、闭环的数据，因而线下业务要真正完全实现智慧化决策还需要走较长的路。

目前我们只能在局部做业务尝试，以内部数据为主，结合数据模型的能力进行部分场景的智慧化决策应用。但随着整个行业数字化程度越来越高，国家对于三方数据应用逐渐规范，未来的企业必然要考虑完整数据智慧化决策能力的建设，这个能力也是未来企业想要保证持续竞争力所必备的。

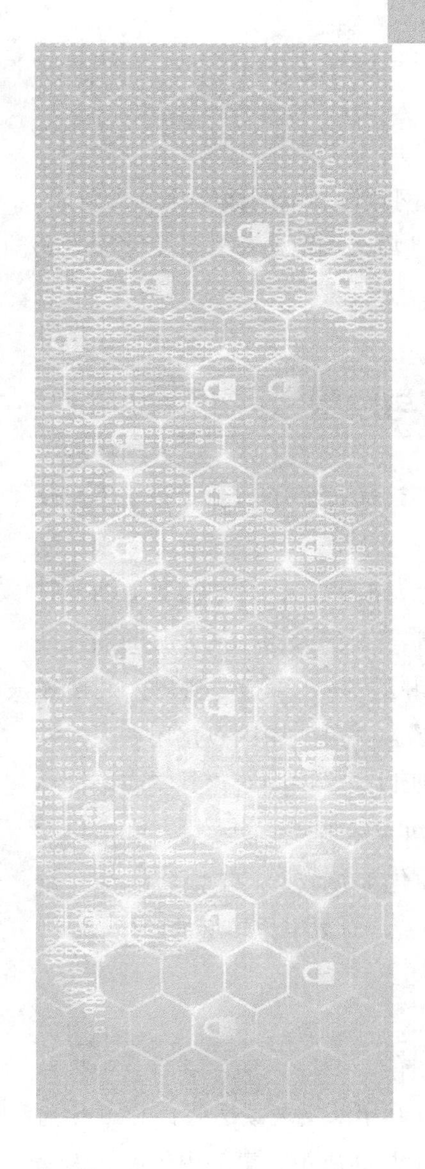

第五篇　智慧能源篇

随着国际能源结构的变革和我国能源政策的完善，在碳达峰和碳中和要求下，化石能源的消耗在不断减少，而以风力、水力发电为代表的清洁能源正在迈入高速发展的快车道。能源结构的转型，使得越来越多的能源企业意识到数字化建设的重要性，智慧油田、智慧电网等智慧能源设施的建设脚步也在不断加快。以智能化应对全球能源挑战和引领能源发展正在成为全球共识。

本篇将从我国的能源结构入手，针对传统化石能源和新兴清洁能源的数字化建设特点与未来，展开深入探讨。随着“双碳”目标的提出，未来的能源产业数字化将向何处发展，化石能源在开采、提炼过程中还有哪些可以通过数字化提升效率的地方，新兴清洁能源还有哪些亟待解决的痛点，本篇将对这些话题展开讨论。

第 15 章 能源与产业互联网

本章将从传统能源企业数字化、能源互联网建设和电网数字化三大角度，分别解析“双碳”政策的宏观背景下，能源行业应该如何通过数字化完成既定目标，又该如何通过技术手段，打造新时代的智慧能源体系。

↘ “双碳”背景下的加速转型实践与展望

中国石化首席专家、腾讯云 TVP 行业大使 李剑峰

在生活中，很多人认为中国石化就是一个“加油站”，只在需要加油的时候才能想到它，但其实中国石化是一个产业链非常长的公司，从上游的油气勘探和开发、石油炼制，到化工和销售，以及国际贸易、工程、科研，甚至还有光伏、风能等新能源领域，中国石化都有涉及。另外，中国石化还在大力发展氢能，努力发展成全球最大的氢能源公司。所以说，中国石化其实应该被称为一个全产业链的能源材料公司，这样一个公司当然是一个能源生产和消费大户。碳达峰与碳中和目标首先冲击的便是石油化工领域产。下面将详细介绍“双碳”背后的逻辑、对数字化转型的认知与探索、对数字化转型的展望。

“双碳”政策背后的逻辑

“双碳”政策是中华民族永续发展的战略选择。2021 年 3 月 15 日，中央财经委员会第九次会议中明确提出：我国力争 2030 年前实现碳达峰，2060 年前实现碳中和，是党中央经过深思熟虑作出的重大战略决策，事关中华民族永续发展和构建人类命运共同体。

二氧化碳是目前世界范围内排放量最大的温室气体，而化石能源燃烧造成的碳排放，占据了超 76% 的份额。根据国家统计局 2020 年公布的数据，我国能源消费中煤炭消费比重达 57%，高于世界平均水平 30 个百分点，“碳排放”结构不如人意。与欧美国家相比，我国作为世界人口大国，每年碳排放量占全球碳排放的 29%，我国的“双碳”形势严峻、时间紧迫。而根据世界银行 2019 年公布的数据，我国单位 GDP 能源消耗为 410 克标煤每美元，是世界平均水平的 1.7 倍、发达国家平均水平的 2.9 倍，能源使用效率偏低。中国石化遭遇了两端围堵的严峻挑战：生产端使用大量燃料，产品端售卖出去后同样是作为消耗品二次发生碳排放问题。

在这样的背景下，实现碳达峰与碳中已经变为必由之路。经过对中国石化碳排放的测算，其碳排放总量接近 2 亿吨，如果要在 30 年内实现碳中和，压力非常大。传统能源企业要完成“双碳”目标具体而言有以下几条路径。

- *原料端*：转变燃料结构，减少燃料使用。
- *产品端*：更换产品路线。
- *排放端*：采用碳捕捉和储存（carbon capture and storage，CCS）/ 碳捕集、利用与封存（carbon capture, utilization and storage，CCUS）。
- *新思路*：种树、居家办公、数字化转型。

种树、居家办公这些手段杯水车薪，其他端的调整涉及投入产出比的问题，挑战都很大。利用数字化转型，提高能源使用效率，有效减少碳排放，是一个比较可靠的出路。

对数字化转型的认知与探索

中国石化从 2020 年开始推动整个集团的数字化转型，在这个过程中做了很多数字化转型的研究工作，而研究机构、咨询公司、企业自己对数字化转型的定义众说纷纭，没有定论。在涉及实践时，各种类型的企业也都有各自的做法和侧重，并不普遍适用于每一个想推进数字化转型的企业。最终，我们给数字化转型下的定义是“以价值创新为目的，用数字技术驱动业务变革的企业发展战略”。数字化转型模型如图 15-1 所示。

- *以价值创造为目的*。重构价值创造和传递环节，盘活存量价值，并不断挖掘新的价值增长。

- 以数字技术为驱动。推动石化行业向数字化、网络化、智能化发展，发挥数据的核心要素作用。
- 以业务变革为核心。数字化转型的核心是业务转型，推动从业务数字化向数字化业务的转变。
- 一个企业发展战略。数字化转型不是一次性任务，而是一个持续打造新兴能力的长期变革过程。生产力变革与生产关系变革相辅相成，螺旋式上升。
- 一种“革命”。从文化理念到业务流程，再到组织形式、管理架构，都需要做出相应的“协调”变革，才能发挥最大效益。

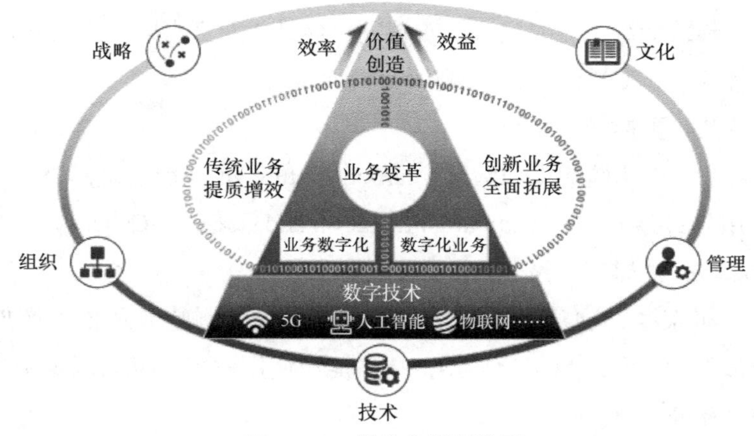

图 15-1 数字化转型模型

明确了定义以后，我们初期提出了赋能、优化和再造 3 个阶段，又在此后的实践中加上了转型，最终形成了赋能、优化、转型、再造的实践方法论。

- 赋能。这一点相对简单，即用数字技术对个人、对员工、对设备、对业务流程进行赋能。“装备”数字化之后，全流程中每个环节的效率都能够得到提升。
- 优化。对流程性行业而言，其实每个流程都有需优化的东西。而对于流程行业怎么进行数字化赋能呢？这就要依靠数字建模，而不是靠经验。

用数据模型来优化，以获得精确度、准确度及效益的明显提升。

- 转型。在完成了前两个阶段后，再进行转型，包括商业模式的调整、生产方式的转变等。转型在优化的基础上，其实是很容易操作的。
- 再造。从传统企业再造成数字化企业，这将是一个更大的、全面的变革。

所以说，数字化转型要着力培育、壮大数字生产力，调整与数字生产力不相适应的生产关系。企业数字化基础不同，在转型推进中，内容、范围不断扩大，由局部优化渐至全局优化和全面变革，价值效益将随之逐步提升。

关于转型的必要性与重要性，技术驱动、业务转型、组织转型是企业数字化转型的三大要素，三者一定是先技术驱动，后业务转型，最终实现组织转型的逻辑关系，只有这样才能算是真正的数字化转型。关于转型的具体规划，我们总结了 4 个步骤。

- 业务选择（业务部门）。转型的对象是业务，创新的价值也要从业务中来，所以第一步是要挑选合适的“业务单元”。
- 技术匹配（IT 部门）。业务转型要靠数字技术来驱动，没有合适的技术支持，数字化转型就不可能达成，所以选好业务方向之后，就要 IT 部门登场了。
- 价值评估（管理部门）。对选定业务在数字技术支持下的转型方向、价值回报等技术经济预期进行综合评估。
- 体系整合（跨部门）。可能有多个业务部门或者多个业务单元同时提出转型需求，但从数字化、平台化、智能化的技术角度上看应该是一体的，从整个产业链上看也应该是一体的，要融合设计，形成生态，最终形成集团级整体战略。

最终，企业数字化转型的方向是数字化生存——“当一个组织没有融入数字网络，没有人知道它的存在，当它融入数字网络，它就无处不在！”

在这样的认知指导下，中国石化顺利地推进了数字化转型的实践工作，划分了 21 个业务域，提出了数字化转型总体发展目标战略，并划定了 15 个转型重点业务领域及任务目标。

对数字化转型的展望

对于能源行业未来的数字化发展蓝图，结合元宇宙概念，我们勾勒出一幅工业元宇宙的蓝图。在传统企业实现数字化转型，走向数字化的终极形态后，工业元宇宙的未来就近在眼前：它将是全产业链、全商业模式、全参与方式、全创新创造生态的产业融通平台；是承载工业生产、电子商务、社交网络、游戏引擎、虚拟经济及 ICT 基础设施的通用操作系统；是新工业文明的希望。数字孪生、物联网、游戏引擎、云计算、人工智能、AR/VR、经济体系、社交能力将成为工业元宇宙的八大要素，企业的数字化转型，拉开了工业元宇宙的序幕。

小结

本节从“双碳”政策背后的逻辑出发，构建了化石能源行业未来的数字化建设蓝图。我们通过“以价值创新为目的，用数字技术驱动业务变革的企业发展战略”的定义，详细解读了企业数字化建设重点，并通过不同部门的具体规划，为读者详细剖析了企业数字化的具体内容。

↘ “双碳”背景下的能源互联网发展

清华大学北京信息科学与技术国家研究中心研究员、
腾讯云 TVP 行业大使　曹军威

早在 2017 年，国家能源局便公布了首批“互联网 +”智慧能源（能源互联网）示范项目，经过多年的发展和迭代，我国的能源互联网发展已经取得了不小的进步。但在“双碳”背景下，能源互联网建设发生了哪些变化？能源互联网领域的关键技术又有哪些？本节将从“双碳”政策、能源互联网的关键技术和高级应用、示范工程和典型场景 4 个方面切入，描绘能源互联网发展全景。

“双碳”政策实施背景

“双碳”政策的起源于自近年来温室效应导致的气候变化，尤其是 2021 年的诺贝尔物理学奖颁给了可靠地预测全球变暖这样一个成果，进一步加深了社会对全球变暖的科学认识。

碳本身不是一个新鲜的事物，人类社会最近几十年来一直在做碳排放治理的努力，我国也是从十几年前开始就陆续出台了相关政策，并在 2020 年郑重承诺二氧化碳排放力争于 2030 年前达到峰值，努力争取 2060 年前实现碳中和。

目前，全世界所消耗的能源以化石能源为主，该类能源富含大量的碳成分，是影响碳排放和碳足迹计算的主要因素。而电能是我国能源消费的重要能源形式，其中以火电为代表的传统化石能源发电在全国发电总量中占比最重，因此降低电力碳排放是实现“双碳”任务的重中之重。

也正是在这样的背景下，发展能源互联网将成为实现碳中和的必由之路，其强调统筹协调、实现新能源灵活接入、基于储能削峰填谷和需求侧管理和响应等特点，能提高能源利用效率和新能源消纳能力，进而达到碳减排的目的。

能源互联网

能源互联网是以互联网理念构建的新型信息 – 能源融合“广域网”，它以大电网为“主干网”，以微网、分布式能源、智慧园区等为“局域网”，通过开放对等的信息 – 能源一体化架构真正实现能源的多向按需传输和动态平衡使用，因此可以最大限度地适应新能源的接入。

能源互联网早已不只是一个学术概念，它已经成为行业主流趋势。国家相关部门从 2015 年起就开始统筹布局；2017 年 6 月，国家能源局对外公布了首批 55 个“互联网 +”智慧能源（能源互联网）示范项目；2017 年 12 月，国家电网公司提出综合能源服务、客户中心等战略，并提出要建设世界一流的能源互联网企业发展目标；这标志着能源互联网进入落地实施阶段，关键技术应用开始显现，区域综合能源服务日益兴起。

从电网的角度看，当前能源互联网大体有两种新能源接入方式。

- 集中式。这种模式符合我国现状，我国新能源资源多位于西北部地区，可通过集中式的大电网将新能源电力输送到人口密集、工商业稠密的东南部用户中心，如图 15-2 所示。

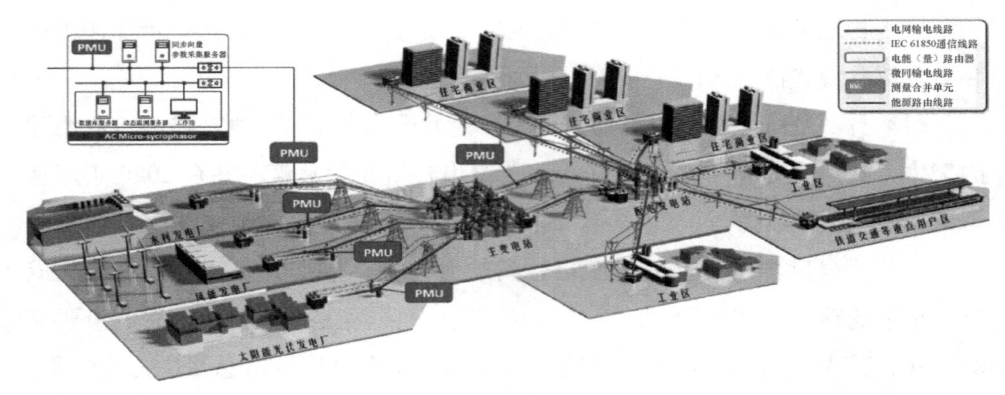

图 15-2 集中式新能源接入

- 分布式。分布式的特点是从用户侧和边缘做起，接入分布式新能源的同时实现源网荷储区域互动，自下而上地构建能源基础设施，可以很好地与集中式输电互补，更为灵活且贴近用户，如图 15-3 所示。

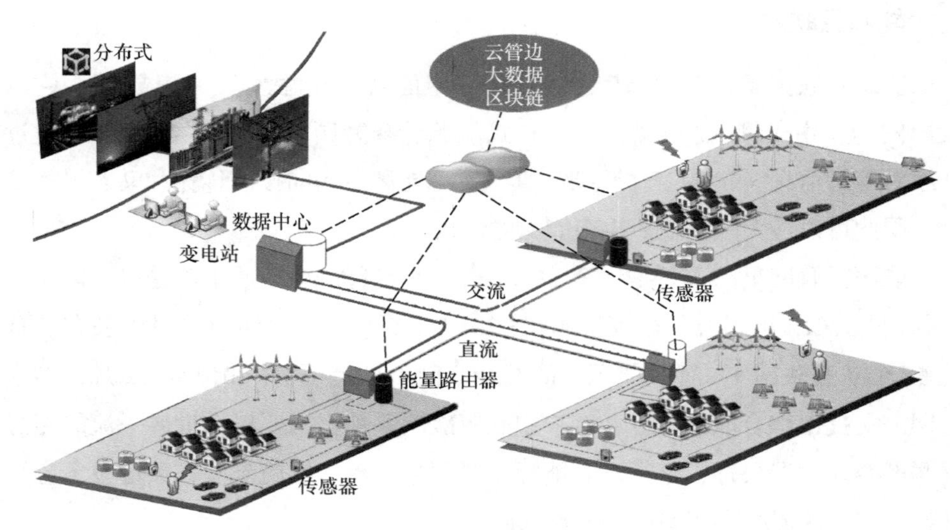

图 15-3 分布式新能源接入

总而言之，未来能源互联网从功能层次上，可以分为能量、信息、业务、价值几个层次，从底层能量层的多能互补，到数据采集通信的信息化处理，再到以能量管理和控制为核心的业务模式，最后实现能量交易等带来的增值，形成新的商业模式和能源业态。

关键技术

实现能源互联网，最终仍旧要落到关键技术能力的构建上。我们从研究视角出发，总结了以下 4 个方面的关键技术。

- 能量路由器。像网络路由器一样，通过设备实现能量的即插即用。
- 能量控制器。通过模块化设计，支持综合能源服务、多种通信协议数据接入、云边协同等。
- 能源大数据。通过直接量测和算法处理，得到在线实时动态数据，对其进行大数据分析。
- 能源区块链。利用区块链技术的优势，实现能源交易的多元化、去中心化和低成本化。

示范工程和典型场景

基于以上关键技术，我们介绍一些能源互联网的综合示范工程和典型应用场景，如多站合一、基站微电网、光储充、轨道交通等，体现能源、信息、交通基础设施融合发展的趋势。能源互联网示范工程特点如图 15-4 所示。

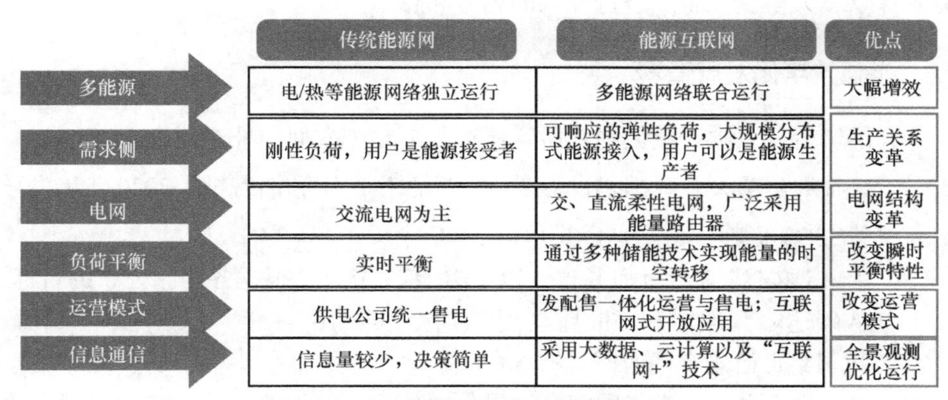

	传统能源网	能源互联网	优点
多能源	电/热等能源网络独立运行	多能源网络联合运行	大幅增效
需求侧	刚性负荷，用户是能源接受者	可响应的弹性负荷，大规模分布式能源接入，用户可以是能源生产者	生产关系变革
电网	交流电网为主	交、直流柔性电网，广泛采用能量路由器	电网结构变革
负荷平衡	实时平衡	通过多种储能技术实现能量的时空转移	改变瞬时平衡特性
运营模式	供电公司统一售电	发配售一体化运营与售电；互联网式开放应用	改变运营模式
信息通信	信息量较少，决策简单	采用大数据、云计算以及“互联网+”技术	全景观测优化运行

图 15-4　能源互联网示范工程特点

未来，能源互联网将进一步走向落地，呈现出能源系统碎片化的趋势。碎片化就需要平台效应来发挥整合作用，新的商业模式也会应运而生。在此之后，跟“双碳”政策相结合的各种增值服务，也将走到大众的面前。清华大学将深度融合信息与能源技术，积极开展能源互联网关键技术攻关、应用示范推广和产业化合作。

小结

本节从“双碳”政策要求着手，着重分析了能源企业在进行数字化建设过程中的能源互联网建设工作要点，对不同形式的能源互联网特点进行了深入解读，并对其背后的关键技术进行分析，介绍了能源互联网建设示范工程和典型应用场景。

↘ 数字化与新能源

中国能源网总经理、腾讯云 TVP 行业大使　周涛

2021 年，碳中和被首次写入政府工作报告。在这一背景下，各大能源企业与机构，应该如何明确智慧能源建设的主体责任？数字化建设在能源的供给、输配、需求侧，又分别能起到哪些作用？在建设新型的绿色能源期间，数字化企业又能如何助力？本节将从能源数字化发展背景、新型电力系统建设、数字能源探索三大模块入手，进行深入的思考和总结。

能源数字化发展背景

我国实行“双碳”政策的背后，还有以下几个方面的补充因素。

- 碳排放总量大。我国是世界最大的能源生产国和消费国，2020 年能源碳排放 99 亿吨，占全球碳排放的 31%。
- 实现“双碳”目标时间紧迫。以 2020 年为节点，根据各国已公布的目标，从碳达峰到碳中和，欧盟将用 71 年，美国用 43 年，日本用 37 年，而我国给自己规定的时间只有 30 年。
- 化石能源占比过高。国家统计局数据显示，2020 年，我国清洁能源发电量占总发电量的 36%，而化石能源消费比重则达到 57%，高于世界平均水平 30 个百分点。

一方面是“双碳”政策的紧迫与重要，另一方面是我国工业化进程的发展需求，两个方面交织在一起，带来了节能减排问题的复杂性与挑战性——发展和“双碳”减排要并举。

在这样的背景下，我国能源领域中电力的重要性就愈加凸显。电力行业除了需要满足自身的用电需求增长，还要承接其他领域转移的碳排放。未来，预期我国能源将发生结构性变化，新能源将替代化石能源成为基荷能源。这就要求在发电、输配、负荷、储能、交易机制等各方面通过数字化、智能化手段进行技术创新和体制革命，才能实现 2060 年前实现碳中和的最终目标。

新型电力系统建设

2021 年 3 月 15 日召开的中央财经委员会第九次会议指出："十四五"是碳达峰的关键期、窗口期，要重点做好以下几项工作。要构建清洁低碳安全高效的能源体系，控制化石能源总量，着力提高利用效能，实施可再生能源替代行动，深化电力体制改革，构建以新能源为主体的新型电力系统。

未来向新型电力系统发展必须向低碳化、分布化、数字化方向深耕，主要技术如下：

- 高比例可再生能源电力系统；
- 高比例电力电子装备电力系统；
- 多能互补综合能源系统；
- 信息物理融合智慧能源电力系统；
- 节能智慧高效"三电"产品和系统。

解决前述问题应以技术为先导条件，按照周孝信院士在《"双碳"目标下我国能源电力系统发展前景和关键技术》中的归纳总结，以下 8 类关键技术将产生全局性的影响：

- 高效低成本电网支持型新能源发电和综合利用技术；
- 高可靠性低损耗率新型电力电子元器件装置和系统技术；
- 新型综合电力系统规划运行和控制保护技术；
- 清洁高效低成本氢能生产储运转化和应用技术；
- 安全高效低成本寿命新型储能技术；
- 数字化智能化和能源互联网技术；
- 新型输电和超导综合输能技术；
- 综合能源电力市场技术。

综上所述，可以看到能源电力市场的技术发展与传统电力系统的形态正在发生重大变化，从以化石能源为主体转变为以新能源为主体，电动汽车、储能等多元负荷和分布式电力系统、微电网大量接入，分散性、随机性、波动性显著增强。构建“广泛互联、智能互动、灵活柔性、安全可控、开放共享”的新型电力系统，必须依靠数字赋能。

利用5G、大数据、云计算、人工智能等现代信息技术，可以提升电力系统智能互动、灵活调节水平，传统能源电力配置方式由部分感知、单向控制、计划为主，转变为高度感知、双向互动、友好包容。最终实现能源系统多能互补、经济性最优，构建起一个高效、完善的能源数字化平台。

数字能源探索

《能源数字经济的创新元素与发展展望》中提到数字能源探索有五大创新要素。

- 新基础：电力算力的基础设施融合。
- 新价值：能源大数据赋能现代产业体系建设。
- 新产品：从虚拟电厂到数字能源。
- 新市场：电力市场 + 碳市场 + 能源数据市场。
- 新机制：能源金融创新与制度创新。

与此同时，数字能源探索有图15-5所示的五大突破难点亟须解决，只有把握五大创新要素，突破五大难点，未来终将形成一套共建共洽、交叉赋能、高效协同、价值传递的数字能源体系。

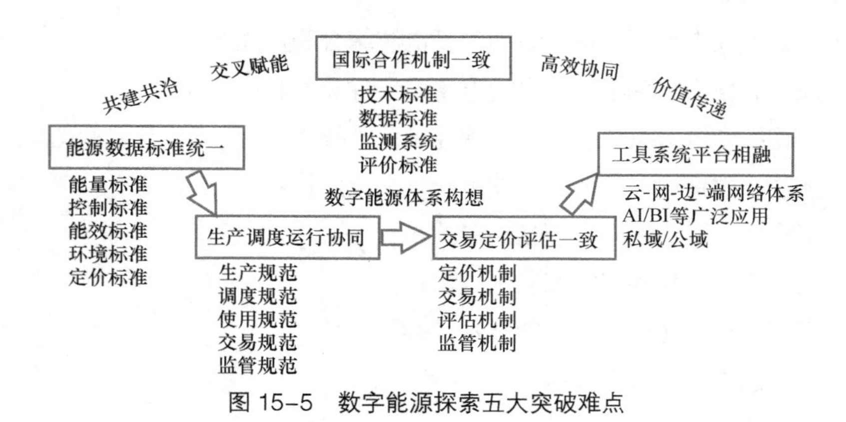

图15-5 数字能源探索五大突破难点

小结

本节从电力行业入手，探讨未来新型清洁能源行业的数字化应用场景。在“双碳”背景下，未来清洁能源的建设速度将进一步加快，数字能源的建设也将提升到重要的战略位置。如何解决好数字化能源的痛点与难点，与传统能源协同发展，将是未来能源行业数字化的关键。

第16章 智慧赋能能源

在“双碳”背景下，腾讯作为一家大型企业，是如何对自身进行能源变革的呢？同时，作为一家互联网科技企业，腾讯又是如何通过自身的技术沉淀，赋能更多传统能源企业完成数字化转型的呢？本章将详细剖析现阶段腾讯的智慧能源行业建设任务与规划。

↘ 数字融合能源，连接助力低碳

腾讯智慧能源首席专家 孙福杰

作为各行各业转型升级的数字化助手，腾讯云很早便展开了能源行业的数字化建设服务。在“双碳”目标和“数实融合”背景下，从信息化向数字化和智慧化转型、加速推进低碳绿色和高质量发展，是能源行业“十四五”期间的重要发展方向，以云计算、大数据、人工智能、物联网、数字孪生等为主的先进数字技术将在其中发挥重要作用。接下来将体系化地介绍腾讯云在能源行业的探索与布局。

数字化在能源行业变革中将发挥重要作用

当前，我国能源行业碳排放占全国总量80%以上，实现“双碳”目标，能源是主战场，电力是主力军。在“双碳”目标下，我国的能源行业正经历深刻的变革。

- 在能源供应侧，大力发展风电、光伏为主的可再生能源发电，加速建设风光储火一体化的能源大基地。同时，作为重要支撑性电源的传统煤电，积极开展节能降耗改造以减少碳排放。

- 在能源传输侧，为了保证大规模可再生能源和分布式能源的接入，需要加快构建以新能源为主体的新型电力系统。
- 在能源消费侧，需要大力发展分布式能源、低碳工业园区，推动高耗能企业的节能减排和能效优化，加强碳盘查、碳资产管理和碳交易等。
- 在能源市场侧，我国的电力交易市场和碳市场在加速推进，市场机制不断完善。

作为国内首批启动碳中和规划的数字科技企业之一，腾讯在努力推动自身碳中和的同时，也充分发挥科技、连接和生态的优势，陆续与国家电网、南方电网、华能集团、国家能源、三峡集团、宝武钢铁、中国石化、中国石油等大型能源企业合作，积极助力能源行业的数字化转型和智慧低碳发展。截至目前，腾讯云在能源行业已服务超过 300 家行业企业，包含 20 余家央企、国企。

能源连接器与能源数字孪生

在能源行业的数字化转型中，连接和智能是两大主题。腾讯云依托多年的数字能力积累和全真互联技术体系，构建了面向能源行业的多技术融合产品——腾讯智慧能源连接器 Tencent EnerLink 和智慧能源数字孪生 Tencent EnerTwin，如图 16-1 所示。

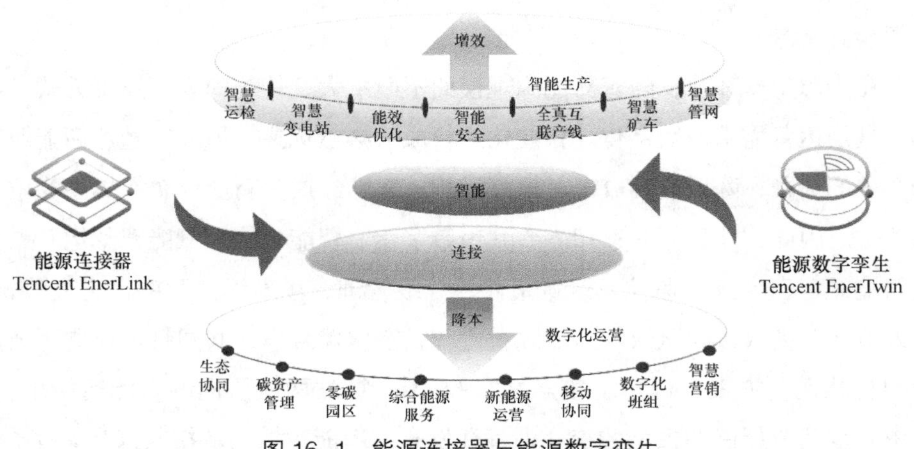

图 16-1　能源连接器与能源数字孪生

Tencent EnerLink 重点面向连接协同，提供连接设备、数据、业务、客户和生态的广泛连接能力，快速构建多样的能源数字化场景；快速建立企业内外部的移动协作；快速触达用户和建立生态，加快新业务拓展；支持能源业务的敏捷创新。

Tencent EnerTwin 重点面向业务智能，提供数字孪生、空间引擎、人工智能和高性能计算等技术，帮助企业快速实现远程高逼真、沉浸式的能源管控；同时，利用强大的人工智能技术，提升设备运营、作业安全、生产过程、营销服务等方面的业务智能水平。

同时，腾讯基于 Tencent EnerLink 构建了腾讯云能碳工场，这是以“绿色发展、节能降碳”为主题的生态聚合 SaaS 平台，具备快速构建协同服务能力，致力于携手生态助力能源行业数字化转型。腾讯云能碳工场在企业“双碳”、综合能源、能效优化等多个主题场景，为企业提供丰富且专业的行业解决方案。

数实融合助力能源数字化转型和智慧低碳的实践

在“双碳”目标和数字化转型的背景下，将腾讯全真互联技术和 Tencent EnerLink、Tencent EnerTwin 应用于能源的生产、传输、消费、服务等各个环节，能有效助力能源企业在数字化转型和智慧低碳发展中实现广泛的连接和业务智能。

在能源生产环节，随着新能源规模的不断扩大，传统的人工运维方式已经无法满足运营需求，数字化、智能化运行成为必然选择。另外，随着新能源市场竞争的加剧，降低运维成本、提高运营效率已经成为新能源企业提高竞争力的关键。因此，能源行业迫切需要利用数字化、智能化技术赋能智慧运营，实现新能源运营“远程监控、区域检修、分级管理、场站无人”的“无人值班、无人值守”模式。腾讯云与新能源企业和生态伙伴合作，共同打造新能源云边协同智慧运营方案，构建了覆盖总部 / 区域 - 场站两级协同的智能运检平台，在中心端完成新能源模型的统一训练和发布，新能源场站端接收来自集团 / 区域算法模型，并在边缘计算设备中执行人工智能模型，完成对视频、图像、传感器等数据的分析，识别各种异常，并上报中心端，进行业务联动和处置，实现云边协同的新能源场站智能运维，巡检效率提升 6 ～ 8 倍，运营成本降低 20% ～ 30%。

在能源传输环节，大规模新能源的并网给电力系统带来巨大技术挑战，因此需要加快构建新型电力系统，利用新一代数字技术实现源网荷储一体化管控。腾讯云发挥数字技术的优势，与某电网企业合作，帮助构建能够实现一站式人工智能训练和服务的云边协同人工智能平台，利用人工智能技术，对巡检机器人、摄像头、监测装置等采集的图像数据进行智能识别，自动发现变电站设备、电力系统运行状态、内外部环境和现场作业的异常状况，并以全景智慧监控的形式进行实时、直观的展示，帮助运维人员快速掌握变电站关键信息并及时响应，提高变电站运维的智能化水平，并且有效减少现场作业安全管控成本，降低安全事故风险。

在能源消费环节，面向工商企业、工业园区等综合建筑体 / 楼宇，开展综合能源服务、推动节能降碳是重要发展方向，越来越多的能源企业正在大力发展该业务，向综合能源服务商转型。与单一的能源供应不同，综合能源服务的业务边界会不断扩展，从供应多种能源，到提供能源相关服务（如能效管理、节能服务、设备代运维等），再到产业链协同，构建面向生态的增值服务。业务扩展的阶段不同，关注的重点也不同，但总体上要从能源、设备 / 资产、用户、服务 4 个方面构建核心能力。其中，能源是基础，设施 / 资产是保障，用户是中心，服务是可持续发展的根本。腾讯云与某知名综合能源服务企业合作，利用 Tencent EnerLink 的连接技术，助力其打造智慧综合能源生态平台，通过对数据的采集、分析、预测和优化，对工业园区的光伏、储能充电桩等进行综合管理，提升园区企业的能源使用效率，降低用能成本和碳排放。未来，该平台还会上线能效管理、能源交易、碳交易、虚拟电厂等应用，帮助加速建设“零碳园区”。同时，腾讯云还和合作伙伴一起，针对用户侧储能业务，打造高效、便捷的商业支付平台，缩短收款账期，减少坏账，降低投资风险，促进用户侧储能和综合能源业务的可持续健康发展。

针对钢铁、建材等能耗高的行业，需要积极探索和利用数字技术助力数字化转型和低碳发展。腾讯云与某大型耐火材料生产企业合作，综合利用数字孪生、物联网、人工智能等技术，打造了“全真互联透明工厂”，实现了对建材生产制造产线现场的透明管控；通过精准生产排程、精准质量追溯和精准成本追踪，实现了生产过程的精益化管理；通过大数据治理、大数据平台和指标体系建设，实现了企业级智慧运营分析，使得生产效率提升 30%，故障率降低 25%，产品品质提升 10%，生产能耗大幅降低。腾讯云与某大型钢铁企业合作，基于腾讯云数字孪生能力，实现对钢铁产线生产过程的全真、实时互动，同时通过精准的数据挖掘分析，助力钢铁工厂实现精细化的管理。另外，腾讯的分布式云平台，也为该钢铁企业的行业云提供了强大的分布式算力网络，支撑其发展战略，赋能整个钢铁产业生态圈数字化转型。

在能源的客户服务环节，腾讯云与电网企业合作，在客服中心引入智能客服，与智能客服的知识库对接，构建基于业务知识库的智能问答机器人，能够模拟人的对答方式，对问题进行逐步、细致的回复。在客户服务高峰期，智能问答机器人能有效缓解客服人员的工作量和工作压力，提高客服效率和客户满意度。腾讯云与领先的燃气公司合作，基于腾讯 B2C（Business-to-Consumer，商对客）连接能力，帮助企业员工高效连接数千万燃气用户，拓宽线上营销渠道，通过互动建立信任并推动综合服务成交；深度融合内部多个客户互动渠道，为用户提供便捷线上业务，从而提高服务质量、服务效率，驱动服务创新，拓展增值服务。

小结

在“双碳”目标和“数实融合”的大背景下，能源行业正在经历深刻的变革，能源革命与数字技术深度融合是必然趋势。利用数字技术助力能源行业，是腾讯拥抱产业互联网的具体体现，腾讯将与能源企业和合作伙伴携手，建立更广泛的合作生态，发掘更丰富的业务场景，成为值得信赖的产业数字化助手，助力能源行业的数字化转型和智慧低碳发展。

第六篇　智慧出行篇

每次软件技术的飞跃依托的都是硬件技术的全面革新。这个颠扑不破的真理表达了虚拟世界的繁荣离不开物理世界的支持，这便是互联网人梦寐以求的终极——全真互联网，它也同样需要架构在物理世界的本源之上。在未来，能够替代手机的智能终端会是什么形态？很多人的回答都会落脚在出行行业。

本篇将对近年来大热的出行行业中的几大重点话题进行深度剖析，包括在一片火热的新能源汽车赛道中是否还有不为人知的痛点没有解决，车联网技术的发展方向又在何方，以“汽车”这一形态建设的全真互联网入口是否真的能给大众带来全新的革命性体验，如何找准互联网技术与传统工业的平衡点，智能驾驶和智慧车机哪一个才是出行行业破局的关键。

第 17 章 出行与产业互联网

本章将深度解读出行行业中的自动驾驶、用户直连、智慧车机 3 个重点方面，解读其背后的技术与架构内涵，勾画未来智慧出行行业的发展蓝图。

↘ 新能源汽车用户直连模式探讨

Next Engine 创始人 &CEO、腾讯云 TVP 行业大使 陆维琦

在全球科技不断迭代的今天，国内外大批的新能源车企层出不穷，它们来势汹汹，都希望带给原本已经稳定发展百年的汽车市场一次激烈的“革命”。它们不断地加速迭代，给原有的汽车制造厂商带来了不小的冲击。

近 5 年来，新势力车企势头不减，为什么它们会有这么大的势能，足以影响行业趋势？主要的原因在于新势力车企能够为用户带来全新的产品与体验。在产品方面，它们通过新能源技术、智能座舱和自动驾驶技术，实现了汽车品类下颠覆性的产品升级；在体验方面，它们通过数字技术与直连用户的方式，为车主带来了覆盖全生命周期的差异化服务模式。

新势力车企在用户直连领域的探索

在全球市值最高的 20 家车企中，已有 7 家是主营新能源汽车的新势力车企（数据来源于 Companies Market Cap 2021 的排行榜），其中特斯拉牢牢占据榜首位置，比亚迪、蔚来、小鹏、理想等中国车企均上榜。这个现状本身就折射出了新势力车企给出行行业带来的巨大变化。

新势力车企的“弯道超车”与用户直连的模式是密不可分的。对很多新势

力车企而言，车不再是整个商业体系的关键点，车只是一个很重要的底座和环节，但对用户来说，围绕车所产生的服务，包括数字化的触点以及车生活的内容，同样是用户需要的。在这一点上，我们可以通过功能或情感体验增加，达成更深度的体验升级。未来的车企模式将是以某个产品或服务为连接的社区或社群。要达成这一目标，有以下 3 个关键点：

- 将重点放在用户经营，以用户为中心；
- 将用户运营能力视为企业的核心竞争力；
- 将用户关系的深度视为企业核心资产，不断加大对用户关系建设的投入。

以蔚来为例，蔚来在产品上下了很大功夫，不断通过技术创新提升汽车本身的产品体验。除此之外，它最大的创新点在于认识到，对中国这样一个庞大的市场，商业模式最终可能会落到以某一个产品或服务为连接的社区中，用户运营的能力和与用户关系深度将成为企业的核心竞争力和核心资产。为此，蔚来做到了：

- 与车主建立了良好、深度的用户关系；
- 通过智能座舱、App 等模块为汽车行业带来了很多创新体验；
- 打造了典型的国产高端新能源豪华车品牌，与传统的宝马、奔驰、奥迪区分开来。

当今时代下，新势力车企所打造的这一套以用户为中心的直连模式，以连接人、车、信息、服务到生活方式、车主社交的全生命周期价值、体验的提升，获得了巨大的成功。它们不仅仅是聚焦在车，而是在以用户为中心的全生命周期的链条上，通过直连给车主提供全方位的服务，通过体验的提升，真正实现了利用核心用户的高满意度传播，建立起“核心车主 - 车主 - 向往者 - 关注者”的涟漪模式传播模型。

主流车企在用户直连领域的探索

随着新势力车企的迅速崛起，主流车企面临极大的转型压力，直连用户、沉淀用户和长期服务用户已经是大势所趋。

新能源车企在用户直连领域的成功，也启发了传统主流车企，在反复研读、学习新势力车企的案例和做法的同时，传统主流企业也开始建立社区、成立单独的用户运营部门，甚至从新势力挖掘大量人才等，但是大部分收效甚微。因为现在的主流车企在多年传统的4S店销售模式中，积累了很多流程性的操作模式，这反而为他们的转型造成了很多的难点。

- 不直连。这导致对目标用户需求的洞察不足，营销策略的及时性、有效性有限。
- 少触及。在消费者选车、购车、用车的过程中参与度不高，主动性不足。
- 少运营。在消费者购车、用车全生命周期中的客户运营缺失，使客户价值无法得到充分挖掘。

因此，主流车企仍需深度思考现有模式的优劣势，有的放矢地在用户直连领域进行创新。现在部分主流车企也开始探索B2B2C（business to business to consumer）模式，基于企业微信等新触点渠道，构建车企与经销商联营、联动的数字化、社交化协同运营平台，与经销商共建新一代数字化用户运营能力。同时，利用企业微信平台天然的直连用户的能力，构建一个开放的平台，促进更多第三方服务的协同发展，如图17-1所示。

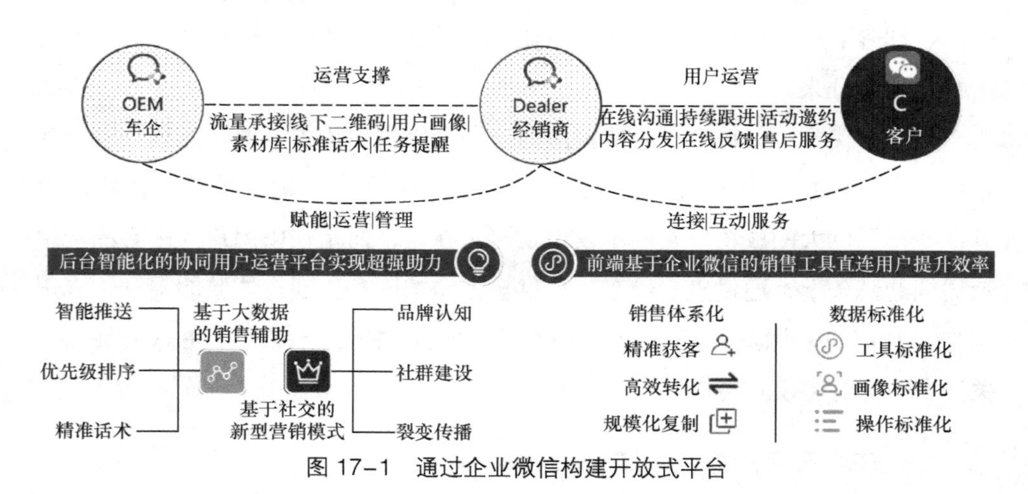

图17-1 通过企业微信构建开放式平台

通过这种模式，主流车企在营销链路、用户直连等关键节点上都取得了巨大的成效。

新能源汽车用户直连模式发展思考

随着用户直连模式在车企不断深入，未来的 10 年将是我国新能源车市场高速发展的时期。未来 10 年中国乘用车市场将进入低速增长期，驱动力从产品销售转变为用户价值深度挖掘。

在这样的背景下，未来汽车行业一定有以下两大变化出现。

- 新能源汽车体验升级不可逆。通过直销模式来统一价格，并带来更加专业、友好的体验。
- 产业利润结构变化不可逆。新能源车对经销商依赖度低，这会使得售后服务利润大幅下降，而能够提升产品体验的创新衍生服务利润将增加。这将彻底改变燃油车时代的商业模式。

最终，以用户为中心、以整车企业为主体、以合作服务商为辅助的全新价值链分工将会显现。基于以上几点，一方面对于传统车企来说，需要在组织上以及体系能力上进行快速建设，以拉近和新势力车企的差距；另一方面，不论新势力车企还是传统车企，都需要在网络、服务标准化上下功夫，实现成本和体验的平衡。依托技术创新与用户直连才能构建起适应未来市场发展的新模式。

小结

在本节中，我们重点对出行行业用户直连模式的发展进行了分析。在对用户直连进行介绍之后，我们也通过对新势力车企与传统车企的用户直连发展现状分析，剖析了未来用户直连在汽车行业的发展场景与关键要素。

↘ 打造数字化引擎，共创出行全真互联时代

仙豆智能[①]CEO、腾讯云 TVP 行业大使　谢平生

1885 年，全球第一辆单缸内燃机汽车问世。时至今日，燃油车的发展已经

① 2022 年年初，仙豆智能已回归长城集团，数字化时代出行行业的高速变革由此可见。

历经了 100 余年。如今，新能源汽车的趋势日益明朗，越来越多的传统车企期望以数字化为抓手，来帮助企业进行智能化变革。那么，什么是数字化？智能汽车该如何发展呢？

智能汽车作为超级终端是产业互联时代的必答题

从整个行业发展的视角看，目前正处在产业互联时代，各个行业都在关注数字化。什么叫产业互联网呢？这需要从不同时代的连接方式中寻求答案。

- 在 PC 互联时代，是物与物的数字化交互。
- 在移动互联时代，是人与人的数字化交互。
- 在产业互联时代，是人与人，人与物，物与物，万物皆可互联。
- 在全真互联时代，是线上、线下全面一体化，实体、数字虚拟深度融合。

如今，我国正处在产业互联的快速发展期，各行各业都迎来了巨大机遇，也面临同一个问题——如何让智能汽车成为这个时代的超级终端，这是智能汽车乃至智慧出行产业所共同面临的一道时代的必答题。

今天，汽车产业正在迎来非常重要的转型，逐步将数字化能力作为驱动智能汽车进化的核心。汽车本身的属性在转变、产业在转变、供应链也在转变，因此，对车企而言，提升数字化能力、打造数字化引擎非常重要，无论是数据的采集、处理，还是数据的交互，乃至最终的数据商业赋能，都需要强大的数字化能力作为支撑。

数字化引擎是解开全真互联时代必答题的关键

数字化引擎该如何打造呢？我们应该以数据为重要变量，通过一系列算法，为每位用户提供个性化服务，也为自己的商业化之路找到新答案。这个探索过程就是不断推动“数字化引擎”运转、迭代和进化的过程。

以智能汽车产业实践为例，仙豆智能一方面利用自己的智能座舱、智能平台等解决方案助力车厂为用户提供个性化服务，同时也在助力车厂探索新的商业模式，并与外部的服务生态、开发者生态和商业生态实现连通和解耦，在通过机器学习助力各项产品和服务不断优化的同时，也通过人工智能算法反向促进仙豆智能的视觉感知、语音及多模交互、导航出行及大数据等基础技术能力的提升。整个“数字化引擎”矩阵的运转将进一步助力未来智能汽车的智能化和智能出行的效率不断提升。依托全真互联网的“数字化引擎”架构如图 17–2 所示。

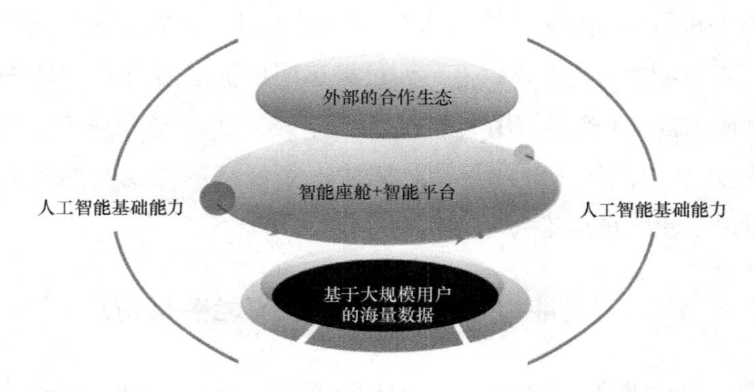

图 17–2　依托全真互联网的“数字化引擎”架构

上述架构依赖大量数据作为“数字化引擎”运转的“燃料”。如今，智能出行产业的勃兴正在经历“从量变到质变”的过程。

目前，仙豆智能第一代产品已经先后在长城汽车哈弗 F5、F7、F7X 等车型上搭载，积累了首批用户。2021 年，新一代智能系统在魏牌全新旗舰 SUV——摩卡上搭载并走向市场，支撑这款旗舰 SUV 成为真正实现“三智融合”的智能出行机器人。

仙豆智能目前触达的用户超过 553 万人。全部用户每周累计有超过 3000 万小时聚焦在仙豆智能的系统上，数据还在持续增长中。仙豆智能的主要业务目前都运行在腾讯云的服务上，每天大概有 5 亿多腾讯云接入访问，稳定的平台支持为服务提供了有力的保障。

谁先达到千万用户规模谁就能引领这个市场

虽然目前仙豆智能的用户规模已在业内领先，但未来，包括仙豆智能在内的全行业各个平台的用户量级都会有很大的发展空间，由此，我们给出一个大胆的判断——谁先达到 1000 万用户的规模，谁就能够引领一个全新的智能汽车市场。这背后有着移动互联时代的产业经验作为强大支撑。以苹果公司为例，苹果公司历年年报显示，2011 年，苹果手机出货量超过 1 亿部。正因有如此庞大的用户基数为支撑，海量的数据为基础，App Store 的累计 App 数量才超过了 100 万个，并为苹果公司带来超 100 亿美元的 App Store 年收入。由此可以看到，在移动互联时代，1 个亿的用户规模就成了这个行业的“爆点”。

与智能手机行业相比，汽车行业的特点是低频、高客单价，其产品本身使用周期相当于智能手机的2倍以上，而可触达用户量也相当于智能手机的3～5倍，更是伴随着超 10 倍的使用成本，如图 17-3 所示。这意味着，在产业互联时代，1000 万个智能汽车终端就能带来生态新经济的涌现及商业新价值的激活，由此带来了更大的生态想象空间。

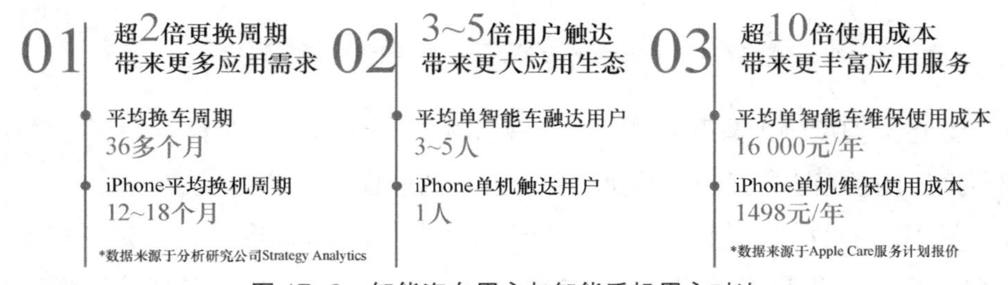

图 17-3 智能汽车用户与智能手机用户对比

1000 万用户规模将重塑出行数据的格局，从以下 3 个方面带来出行新方式的重塑。

- 数据的广度。一天行驶里程超 2.4 亿公里，相当于在全国公路主干道上跑 47 遍。
- 数据的深度。每天总使用时长将达 2180 万小时，产生超 3.8 万 TB 全场景数据量，将包括海量的出行场景。
- 数据的鲜度。可充分保证每天至少将全国主干路网信息更新一次，充分保障了数据的时效性。

无论是哪个平台，只要拥有超 1000 万智能汽车的用户规模，势必能促进这个市场涌现生态新经济、激活商业新价值、重塑出行新方式。为了促进这个目标的早日实现，应该让“数字化引擎”成为每辆车的标配，这正是仙豆智能在产业互联时代，为推动汽车的数字化给出的答案。未来仙豆智能将与腾讯一起，与全行业一起，共同打造“数字化引擎”，共创出行的全真互联时代。

小结

本节主要对智慧车机与“数字化引擎”相关内容进行了介绍。我们从智能车机的关键点入手，指出未来“智能汽车作为超级终端将是一道行业必答题”，对智能车机的重要性与发展关键进行了详细的解读，并指出对汽车行业而言，1000 万用户的关键意义。

第 18 章 智慧赋能出行

2021 年，腾讯发布了新一代的智能网联平台方案，通过多项核心技术，赋能更多的车企完成数字化建设工作。本章将深度解读该平台架构体系、背后的技术能力，以及腾讯多年助力车企数字化建设沉淀的方法论。

↘ 共创智能网联新价值

腾讯云智慧出行 TSP 技术方案总监 孙守旭

从“消费互联网时代”的互联网服务商，到产业互联时代的各行业数字化转型助手，腾讯自身就是一个引领变革、自我迭代的先驱。在庞大的汽车产业生态链中，包括车联网平台在内的智能网联体系是汽车企业迈向数智化的关键一环。腾讯的技术实力能给智能汽车行业的建设带来哪些变革？汽车座舱的未来建设，有哪些可以畅想的美好场景？接下来，我们将从“数智化时代”的车联网平台、座舱不只是智能化和全用户旅程的智能网联体验 3 个角度出发，探讨如何共创未来的智能网联体系。

数智化时代的车联网平台

在汽车行业，“新四化”已经是每一个从业者都耳熟能详的概念，给整个汽车产业带来了大范围的影响和变化，分别是电动化、网联化、智能化和共享化。

各大车企都在发力，从车辆动态数据、网联化和智能化的深度融合，到自动驾驶，可以说车企在不同的领域中都展开了探索。在这样的背景下，我们可以看到以下几点。

- 电动化已经成为国内汽车市场的主流趋势，并且在我国出口海外的汽车中新能源汽车占有的比例逐年上升，带动了国内新能源汽车上下游产业高速发展，提升了国内汽车出口海外的优势，2023 年第一季度我国汽车出口量已经超越日本成为全球第一。
- 网联化和智能化已经成为新能源汽车的基础功能，网联化的功能在国内汽车市场的发展速度比国外汽车市场要快，在国内新能源新势力兴起后，更让国外汽车市场看到了中国在网联化和智能化方面给用户带来的更丰富的用户体验。
- 大模型的兴起在汽车市场势必将掀起一轮新的智能化浪潮。
- 数据驱动研发、数据驱动运营今天为车企带来更多的数据价值。
- 随着车辆应用增多带来的数据高频次上传云端，以及对个人数据、地理数据、车辆数据合规性管控逐渐严格，车企面临着如何更加安全合规地使用车辆数据的问题。

在新能源汽车高速发展、国内车企出海逐年增多、国内合规趋严的形势下，腾讯一直致力于助力车企搭建一套自主可控、高性能、全球一体化架构、安全合规的新一代智能网联平台。基于腾讯云对于汽车行业的支撑，依托新一代智能网联平台方案（如图 18-1 所示），车企可以快速实现国内外智能网联平台建设，抢占市场先机。

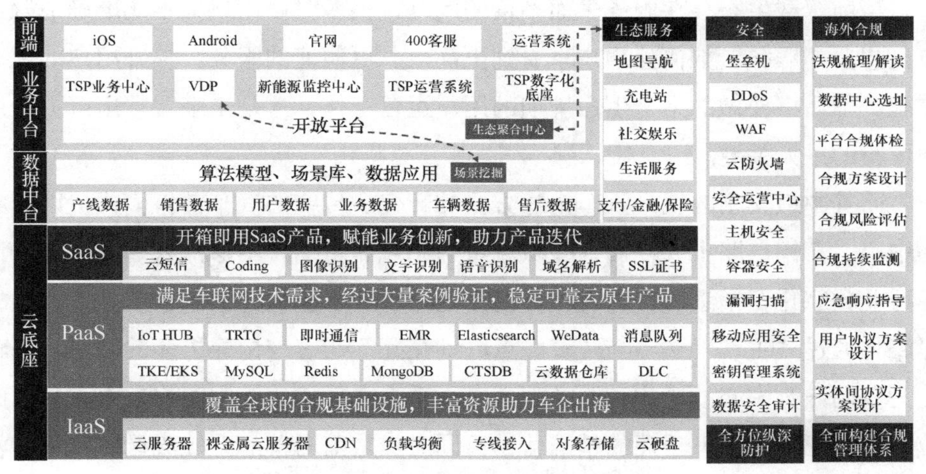

图 18-1　腾讯智能网联平台方案

座舱不只是智能化

除了智能网联平台，腾讯也在大力推进座舱场景下的智能化发展。传统意义上的座舱智能化，是指智能座舱的交互体验，以及自动驾驶程度的逐步提升。在这个基础打好之后，如何解决车上、车下的割裂状态，如何在车上创造更多的时间概念，是腾讯在智慧出行方面正在思考的问题。

腾讯的 TAI 4.0 智慧座舱解决方案，为“人车共驾时代”提供了全新的驾驶体验。

- 轻松驾驶。通过腾讯智驾地图，从传统人工驾驶到辅助驾驶再到自动驾驶场景，提供一套全栈式解决方案，让用户可视化地理解汽车行为，让用户更安全也更放心地解放机械驾驶所占用的时间与精力。
- 全面连接。依托微信的连接器功能，打破微信生态与汽车的边界，保持社交能力随时在线。与此同时，串联起车上、车下的场景，让车上生活变得更加便捷。
- 互动空间。业内首家融合音乐、视频、新闻、长音频的多内容车娱产品，可提供多元化的内容生态。提供了全新的车内互动体验，满足驾驶员和乘客的娱乐需求。

全用户旅程的智能网联体验

当前车载生态存在服务多而不精的问题，很多时候用户并不能准确地触达自己想要的服务。如何让用户享受到更高效、更便捷的服务，提升用户的用车体验，本质上要做的是全生命周期的用户运营工作，这是未来智慧出行提升用户体验的一大关键。

而其中最典型的就是汽车销售方式的转变。传统的汽车销售模式多以产品为中心，营销链路千人一面，公域流量与私域流量结合不够深入。而如今，汽车行业数字化营销进入了新时代，营销链路正面临全面升级。以产品为中心的思路将通过“主动触达”与“多触点联动交互”与客户构建更多的联系，并转变为以用户为中心的销售和服务理念；而千人一面的营销方案将借由大数据的应用数据驱动、千人千面的精准营销；同时，之前简单的公域流量转化策略将更多地被一体化运营方式所替代。

归根结底，当前汽车行业的营销链路正面临全面升级，更主动、交互强的沟通模式，和更精准、高效的信息传递和服务将成为未来汽车营销的新常态。为此，腾讯智慧出行也提出了一套全链路数字化能力的解决方案，由“营销数据服务组件 + 营销 PaaS 产品组件 + 营销业务服务组件”构成，并灵活支持组件化应用能力。

腾讯智慧出行将提供完整且高效的 PaaS 化组件服务，为车企提供开箱即用的场景化业务应用集，用最低的成本、最有效率的方式实现这一套全链路的数字化营销能力。我们希望以此助力车企实现一体化、精细化的运营。

与此同时，腾讯将持续通过开放平台支持车企和合作伙伴进行二次开发，通过开放平台提供标准化接口，支持车企和合作伙伴 ISV 进行系统应用和第三方应用开发。腾讯将整合连接生态合作伙伴的能力，提供高效应用数字产品和工具并加持腾讯 toC 运营方法论的运营服务矩阵，联合合作伙伴共建场景化营销运营服务。无论是车企系统打通及二次开发，还是合作伙伴应用接入及打通，都能通过标准化的结构跟腾讯的服务打通，串联起全用户旅程，低成本高效率地提升用户体验。

腾讯有一套完整的质量保障体系，面对海量的用户群体，所有的服务都有一个强大的体系作为支撑，确保用户使用安全且高效。未来，腾讯还将与合作伙伴一起做联合方案的设计。

小结

本节从腾讯智能网联平台方案切入，详细介绍了腾讯在智慧出行行业中的智能网联平台、智能座舱、数字化营销等方面的工作重点。腾讯借助自身技术实力，为车企提供了全面而稳定的支持。

第七篇　智慧地产篇

随着近 20 年来城镇化进程与国内房地产企业的飞速发展，地产市场也逐渐从增量市场转向存量市场，客户需求更是从被动向主动、单一向多元化需求发展。在行业趋势、政策背景、客户需求等多种因素的驱动下，房地产企业主动进行数字化转型已成必然趋势。

随着大数据、人工智能、云计算等技术与地产行业的深度融合，数字技术应该如何更好地为地产行业赋能，也成了每个从业者都在关心的问题。本篇将从地产行业入手，分析在目前地产相关业态内各大领军房地产企业和物业企业面临哪些新的挑战。在经济下行背景下，地产行业又该如何提升运营效率，实现降本增效。

第 19 章 地产行业转型实践

近年来，地产行业建设逐渐迎来“黑铁时代”，亟须通过技术变革和模式创新进行自我革命，寻找新的突破方向。本章将介绍房地产与物业两个方向通过数字技术降本增效、深度转型的实际案例与经验。

↘ 地产行业如何向制造业学习

广东省 CIO 协会副会长 / 房地产行业分会会长、
腾讯云 TVP 行业大使 陈东锋

近年来，随着外部环境的变化，国内地产市场受到了很大的冲击，也发生了显著的变化。很多人都认为地产行业已经由过去的“高杠杆、高增长、高利润”经营模式转变为“低利润、低增长、低杠杆”的内生型增长模式。在此背景下，地产行业的转变关键就在于数字化转型。同时，地产行业应该向制造业学习，经营管理精细化，提升管理效率。

地产行业与制造业的不同

地产行业与制造业有很大不同。制造业经过几十年发展、竞争，“剩”者为王。现在领先的制造业企业拥有较为完善的经营管理体系，积累了战略管理、客户管理、运营管理、人力资源管理、数字化管理等方面优秀管理经验，经历了全面质量管理、流程再造、5S 现场管理、六西格玛管理、精益管理等管理变革。大部分房地产企业还是秉持大甲方行为，粗放管理、内部导向、依靠人和经验管理。根据相关企业的企业年报，地产行业数字化年度投入占营收的

0.05% ～ 0.3%，制造业和快销行业是 1% ～ 3%，行业之间有很大差距。

同时，最关键的点在于制造业是已经真正建设起以客户导向、精益流程管理、数据为基础的决策和持续改进的管理模式，在这之中，数字化发挥着重要作用。

地产行业如何向制造业学习

地产行业究竟该向制造业重点学什么呢？主要学以下 4 点。

- *真正重视客户*。通过持续数据保护（continuous data protection，CDP）、私域流量、社会化客户关系管理（social customer relationship management，SCRM）、数字化营销、智能客服等技术和方式，将客研、投资、设计、工程、营销、客服等各项工作，落实到具体产品和服务的标准、流程、决策。
- *产品的研发与迭代*。参照集成产品研发（integrated product development，IPD）体系，借助产品研发与产品迭代平台、设计管理平台、建筑信息模型（building information model，BIM）、人工智能审图等，根据目标客户需求做好标准产品的持续开发与迭代更新。
- *生态合作*。依托供应商关系管理（supplier relationship management，SRM）平台和合作伙伴协同平台，打造与上下游合作伙伴的协同平台，形成产业链优势。
- *建立大运营平台*。实现全项目、全周期、全专业的统筹经营，最终实现公司经营目标。

建立以上 4 点的关键在于建立精益流程管理体系与数据驱动体系。通过业务流程管理（BPM）、机器人流程自动化（RPA）、物联网（IoT）、人工智能（AI）等技术，建立流程体系结构，建立完备的设计、创新、运营流程；同时，借助大数据技术，实现数据资产管理与数智经营分析与决策。这是搭建地产数字化平台的关键。房地产企业数字化平台如图 19-1 所示。

另外，流程的研发迭代需要进行大规模的转型，标准化模块的使用、配置，以及不同产品线的搭建，这些都是需要企业做完整的产品研发、迭代和产品的规划设计，利用标准库进行改善的。

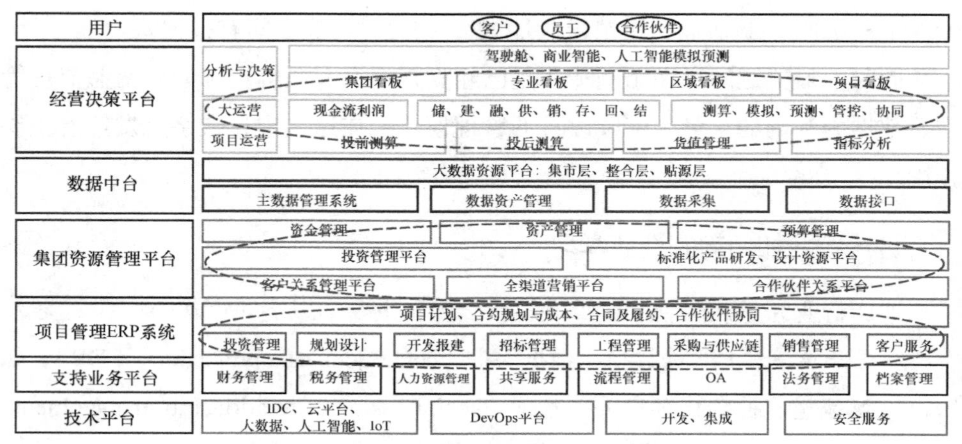

图 19-1 房地产企业数字化平台

地产行业的产业协同效应

地产行业涉及的产业链合作方非常多，包括设计院、总包、装修、分包、材料供应商、银行等，在沟通时要避免流程过长导致的时间浪费与效率降低。所以，学习制造业的另一个关键点是建立数字化平台，大家在平台上共享数据、更新计划，高效协同。

地产行业不能单打独斗，要和整个产业链合作，只有通过合作才能更融合，带来价值。未来的地产将全面进入“共建”时代，只有合作才能共赢。选择靠谱的合作伙伴，长期合作，降低磨合成本和交易成本，确保质量和工期。同时通过精益建造，一次把事情做对，避免双方重复工作，减少检查、整改、等待、不良品、不及时和错误沟通等。搭建数字化产业链，促进生态伙伴的高效协同。

地产行业要转变运营模式，向制造业学习精益管理，必须充分发挥数字化的作用，建立或改进地产行业数字化平台，并运营好数字化平台，通过数字化平台更好地实现精益流程管理和数智驱动经营管理，提升效益，以便平稳、顺利地度过“黑铁时代”。

小结

本节从地产行业与制造业的行业特点入手，指出现阶段下，地产行业想实现降本增效的关键在于向制造业学习。地产行业要在真正重视客户、产品的研发与迭代、生态合作、建立大运营平台四大关键点上向制造业取经，并通过供应链合作的方式实现更深入的降本增效。

↘ 物业企业经营数字化之路

长城物业集团高级副总裁、腾讯云 TVP 行业大使　蒋伟

红杉中国在《2021 年企业数字化年度指南》中指出，调查显示 96% 的受访企业表示已经开展了数字化实践，其中超过 60% 的受访者表示期望在未来进一步增加数字化的投入。与此同时，IBM 在《识别“必需”，制胜后疫情时代》一文中指出，到 2022 年，将打造数字化转型作为企业高度优先任务的中国企业比例比 2018 年高出 3 倍多，有 94% 的中国高管都积极参与到数字化转型平台模式中。这篇文章中还指出，调研的 3000 位受访 CEO 一致认为，技术因素将是未来两到三年影响企业发展最为重要的外部力量。显然，技术已经成为驱动企业转型的关键，并且各行各业的数字化进程都在加速。

近年来，受多种因素的叠加影响，房地产企业和物业企业都迎来了一个“VUCA[①] 时代”，不确定性增加，营收放缓。那么，物业企业应该如何通过数字化手段应对时代的变化呢？

物业企业未来发展特点

党的十九大报告中指出，目前我国的主要矛盾已经转变为人民日益增长的美好生活需要和不平衡不充分的发展之间的矛盾，现在人们在衣食住行方面，都比之前有了极大的提升，所以对美好生活的需求显著提升，这使得人们对基层社区治理水平提升的需要也在逐渐攀升。

所以目前，无论是从政府还是从个人层面，大家都已经深刻地意识到，在

① VUCA 是 volatile（易变不稳定）、uncertain（不确定）、complex（复杂）、ambiguous（模糊）这 4 个单词的首字母缩写。

社区中构建最基本的社会治理单元方面还有不足，未来我们将通过物联网、移动互联、大数据等技术，将社区的智慧化管理作为最底层的结构构建。

物业作为直接与居民对接的最小机构，自然会承担起更多的服务居民的职责。同时，随着业委会的建设与酬金制的落地，未来的物业服务也会更加透明化、规范化。这一切都会驱动着物业服务向更良性的发展轨道前进。

物业企业经营数字化之路

在数字化蓬勃发展的今天，大家都会积极地部署技术平台，技术将成为驱动企业转型的关键要素，物业企业自然也不例外。物业企业的数字化一定是跟经营挂钩的，一定是以能够实现商业价值为核心的，不是为了数字化而数字化。在这之中，物业企业的经营数字化的必经之路有两条。

第一条必经之路是 4 个在线化，即员工在线化、业务在线化、管理在线化和客户在线化。这 4 个在线化将依次推进建设。通过在线化，能够使物业公司的经营有很坚实的基础，甚至进一步产生去中心化的分布式企业。如前所述，数字化一定是跟经营挂钩的，这 4 个在线化能为物业企业带来哪些革新呢？

- 组织进化。通过去中心分布式结构，建立“物业项目 + 工单智慧调度平台”的数字化运营模式，阳光、透明，这在未来会成为主流。
- 降本。降低科层式管理成本，提效，并为一线员工增加收入。
- 增收。提高顾客满意度，从而提升物业项目物业费收缴率。

第二条必经之路是物业企业的经营数字化一定要产生商业价值，特别是在 VUCA 时代。2021 年长城物业上线了一个多种经营资源管理系统，通过管理线上化、业务线上化与员工线上化的系统建设，实现了最初设置的 3 个战略目标。

- 一体化管理。对全国各类资源进行整合，实现统筹管理、统一招商和统一议价。
- 战略资源协同。通过开源整合战略级商家，与不同企业协同发展，如 5G 基站、充电桩、取餐柜等合作，提升资源利用率。
- 精细化运营。将相应制度细化，如预付费模式的规定、大型资源的区域统一招商管理等，提升企业议价能力。

2021 年，长城物业有 600 多个项目上线，按照传统的做法，600 个项目可能一年还不一定搞得定，但是利用线上化快速复制，一个月就完成了。同时，长城物业的多经收入整体提升 131%，2021 年增收了 2900 万元，多经资源议价能力整体提升 122%。这些都是通过数字化手段达成的商业效率的提升。

在做多经资源的时候，只有系统还不够，还要建立完善的制度、规范，用统一的语境与数据标准管理企业。同时，建立完善的绩效考核制度，对员工有清晰、可循的奖惩；最后，尊重人性也是管理中很重要的一点，一定要让员工的收入得到突破，才会形成正向的循环。

企业之间的沟通与合作非常重要，现在市场上有 10 万多家物业公司，相互之间连接难度比较大。但是，如果中间有一个连接器将企业连接起来，帮助企业获取各自相关的价值，这样会更加高效。互联网企业该如何将自身技术力量更多地提供给物业企业进行连接，将是物业企业数字化转型下一步需要探讨的。

小结

本节以作者多年对物业企业的深刻认知，将物业企业的经营数字化总结为两大必经之路——实现 4 个在线化和实现商业价值的提升，并对这两点进行了详细的分析。只有完整地完成这两条必经之路，才能真正地实现物业企业的数字化转型。

第 20 章 智慧赋能地产行业

作为互联网服务企业，腾讯能够通过哪些技术为地产行业赋能，实现其未来的数字化建设呢？本章将从腾讯云的 WeClient 和 CityBase 两大产品入手，解读腾讯云在地产服务与城市建设服务中承担的角色，以及能够提供的技术支撑。

↘ 腾讯云地产行业数字化转型实践分享

腾讯云地产行业架构总监 石帅

随着市场趋势的变化，在地产行业内越来越多的企业正在积极拥抱数字化转型。但在此过程中，大部分企业在数据、用户增长等方面面临着众多的挑战。我们在充分思考如何帮助企业转型和推进数字化的过程中，发现一个非常重要的点就是如何做好用户经营。

地产新周期亟须新发展模式，传统发展模式中存在 4 个核心问题：用户割裂、用户增长难、用户转化难、私域挖掘难，新发展模式需要回归交易的本质——做好用户经营，要在用户经营中寻找第二增长曲线。

那么，在此过程中腾讯应该怎么做呢？首先，腾讯比较擅长做平台，要通过平台帮助集团企业更好地实现数据拉通，构建基础底座；其次，腾讯要建立生态的连接，把腾讯的开放连接能力发挥到极致。正因如此，腾讯针对地产行业建立了完备的数字化辅助体系。

腾讯云智慧地产

腾讯依托自身多年的 C 端领域深耕与技术实力，将自身优势转化为可复用的技术能力，全方位赋能更多的房地产企业稳步进行数字化转型。腾讯依托基础的云服务，可以从以下 3 个方面全方位为企业赋能。

- 建造方面：搭建以数智空间、物联平台为代表的空间智能，并依托指挥协同与透明工场，打造地产建造领域的智能化。
- 营销方面：通过数智营销、流量运营，协助企业构建新型销售体系。
- 服务方面：打造智慧社区、科技社区，协助房地产企业服务顾客全生命周期。

基于以上几个方面，腾讯构建了“一平台、两纵、四横”的发展规划，即通过搭建一个稳固的云服务底座，将各个领域的业务拉通。在平台之上，实现稳定的数据支持与管理支撑，并实现业务的增值与价值转化。腾讯依托此规划为地产行业不同的业务内容构建起了相应的信息化能力。

- 数字营销。以企业微信、腾讯广告、微信小程序等腾讯核心数据资源产品为基础，通过多 SaaS 产品组合，从根源上提升企业营销效率。
- 智能建造。搭建“数字建企”体系，贯穿企业生产、管理、运营和集采的全产业链，搭建一体化大数据中台和知识智能平台，形成“数据 + 知识”双驱动数字化业务模型。提供数据资产赋能、专家经验沉淀、专业应用 SaaS 化等一站式数字化、智能化服务。在城市建设方面，针对新型城市建设的高质量、高标准数字化要求，搭建数字孪生底座及相关应用，为泛房地产企业和职能监管部门提供数字化、可视化、智能化的服务工具，助力新旧基建深度融合发展。
- 空间智能。打造智慧空间，贯通楼宇、园区、社区建设的“规、建、管、服”各阶段。通过智慧化总集，输出物联网、人工智能图像识别、LBS 数据、高逼真渲染等核心产品，拉通生态，完成交付闭环。
- 智慧社区。通过智能化的物业服务平台、应用接入中台、综治管理平台、数据运营中台，打造人本化、生态化、数字化的社区生态。

腾讯平台能力建设

腾讯深耕消费互联网 20 余年，沉淀了技术、连接和生态优势。2020 年上半年，腾讯发布了地产用户经营平台 WeClient，WeClient 随即成为行业纽带和生态开放连接器，协同咨询、应用、行业伙伴，共同实现地产客户的连接。WeClient 搭建全域客户数据中台服务，建立全渠道智能洞察的数智引擎。WeClient 架构如图 20-1 所示。

WeClient 集成了腾讯众多优势能力，是运用到地产用户经营场景的行业纽带。WeClient 整合了企业微信、企点营销、安心平台、腾讯位置服务、优图 AI、腾讯会议等腾讯优势产品，应用到活动投放、行销拓客、全面营销、社交营销、投拓客研、用户洞察、自动化营销、智慧案场、会员运营等应用场景。

同时，WeClient 实现了 4 个非常关键的业务能力，第一个是建立统一的用户画像的标签能力，第二个是在治理客户主数据的时候让业务的标准化构建起来，第三个是构建了多业态的用户运营交叉能力，第四个是通过 BI 形成了非常好的数据挖掘、展示，从而形成了一个完整的用户经营体系。

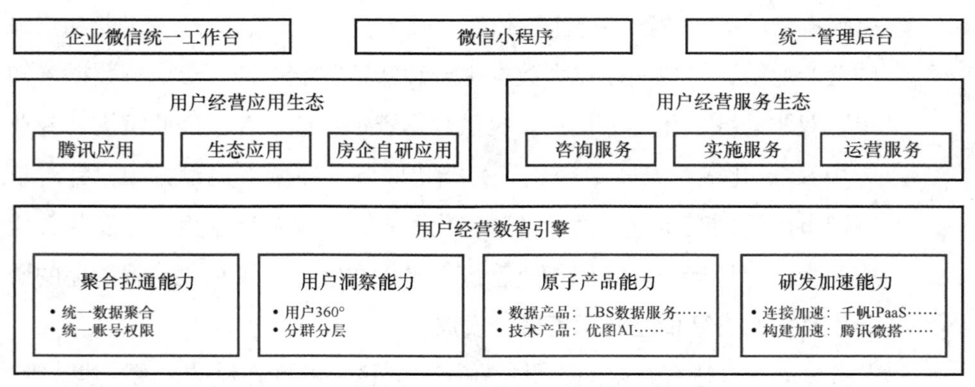

图 20-1 WeClient 架构

小结

本节对腾讯云智慧地产行业规划进行了详细阐述。腾讯依托自身多年的 C 端领域深耕与技术实力，现阶段构建了 WeClient 地产用户经营平台，帮助客户进行数字化建设，未来将从建造、营销和服务 3 个方面为房地产企业赋能，打造“一平台、两纵、四横”的发展模式。

第 21 章　地产行业热点话题洞见

在本篇中，我们对房地产企业与物业企业的数字化转型与降本增效进行了宏观的解读与阐释。随着技术的进步，地产行业涉及的企业不只是开发商这一独立环节，越来越多的企业参与到地产行业的服务中来，这也使地产行业数字化建设工作的复杂性进一步提高。未来，地产行业数字化建设还有哪些亟待解决的重点难题呢？为此，本章中总结了七大行业热点话题，邀请多位行业专家表达自己的意见，希望带给读者更多维度的视角与思考。

↘ 受访嘉宾

贝壳副总裁、腾讯云 TVP 创始委员　惠新宸

地厚云图科技有限公司创始人、腾讯云 TVP 行业大使　谢远玉

近些年贝壳在数字化转型和产业互联网方面取得了哪些成效

惠新宸　近年来，贝壳在数字化转型和产业互联网的摸索中成效显著，并得到了较好落地。

首先，贝壳进行了数据线上化，在基础模块上把房子、客户及服务等所有交易流程都迁移到线上。例如，大家现在可以看到的贝壳 VR 看房、线上签约和线上交易，还有经纪人日常用到的 A+ 系统，都是贝壳近几年一直坚持的数据线上化成果。

其次，相对其他行业而言，地产行业对线下的依赖性更强，因此，贝壳也非常重视线下服务，以提高用户体验。在做数字线上化的同时也要兼顾对线下的供给侧进行升级改革。只有线上线下结合才是真正意义上的产业互联网变革。

应该如何理解贝壳“科技赋能连接”以及连接的意义

惠新宸 科技赋能的本质是连接，贝壳内部经历了由线上看不上线下，到线下抱怨线上业务差，再到线上线下互相配合这3个阶段。房地产其实本质上是中介服务，连接客户和经纪人，连接店东（各加盟店店主）、品牌和贝壳平台。连接的目的是提升效率，包括连接品牌的管理效率、经纪人的效率，更重要的是C端客户在整个过程中决策和信息获取的效率。

科技更多只是工具，地产行业仍然是注重人的服务，试图通过技术革新取代部分人，在短期仍难以实现。因此，在数字化建设过程中要把科技摆正位置，用科技赋能，应用多样化、个性化场景，提高服务效率。

高效工具搭配高效理念，才能把服务提供得更好。科技连接的原本目的就是提升效率，只有效率提升了才能推进变革。

地产行业应该如何提升效率

谢远玉 站在传统工程建设的角度来看，当前地产行业已经陷入了一个有数量没质量、有产值没正直、有知识没智能的窘境，我觉得自己有愧为建筑行业的一员。

作为工程智能建造平台的创业者，地产行业普遍面临3个问题。第一，我们更偏重企业而非产业，很多时候都把企业服务的各种SaaS误当成产业互联网，其实企业服务只是产业互联网中非核心的一部分，只有打通产业链才能成为核心。第二，我们偏重SaaS工具而不是系统。进入工程领域，项目管理必须是通过系统性的平台来产生体系化的数据，而体系化的数据赋能才能产生相应的企业管控价值，一个提高管理人员某项管理效率的简单工具，对企业的价值并不大。第三，我们偏重信息技术（IT）忽略数字技术（DT），进到工程领域，很多由原来传统的IT企业转型过来的依旧使用原来的方案，但实际上我们需要的是基于移动互联网的DT。

我们一定要站在行业产业的角度整合参建方，才能提升协同效率，仅仅解决内部私有云部署的企业服务，并不能完全提高工程建设管控的效率。同样，我们只有坚定基于移动互联网才能深入工地现场，真正解决工地现场最核心的问题，实现现场实时数据化，使我们的工作行为效率从量变到质变的飞跃。

对地产行业的管理及产业互联网的效率提升有哪些认识

谢远玉　我们耗费 5 年时间打造了地厚云图 1.0 和智能建造平台 1.0，在我看来，对工程产业互联网主要可以从以下 4 个关键词进行解读和剖析。

第一个关键词是项目层级。智能建造的项目层级数据系统和企业层级数据系统有较大差别。项目层级有以下特点：第一是围绕工程项目，参建各方（包括甲方、设计、施工、监理、安监等责任主体）及政府监管部门为一体；第二是标准化，不管哪家地产公司开发这块土地都是基于一样的体系，遵循国家规范和工程惯例；第三是跟政府密切相关，能够推动政策创新；第四是数据颗粒完全不一样，线上线下全面真实还原世界；第五是自下而上，解决项目层级“毛细血管”数据回到企业，按照人工智能逻辑进行项目管控。

第二个关键词是产业数据中心。产业互联网一定要打通产业，实现强交互，而非企业内部的企业服务数字化。

第三个关键词是管理要素数字化平台和技术要素数字化平台。我把 BIM 定义为技术要素数字化平台，产业互联网会更侧重每个参建人和每个参建企业的行为数据，再借助管理要素数字化平台，把项目管理系统工程立体 SaaS 化，同时生态互联的 BIM 把项目当成独立的产业数据中心，最后数据中心提供真正有价值的数据来源。

最后一个关键词是智能建造的产品推动技术创新。在工程领域，我们可以通过政策创新把过去传统的一套东西转变成政府要求的实时动态数字化归档，进行智能监管，转化为刚需。在带动项目层级上，企业项目部内部的数字化功能，加上企业项目部在甲方的项目部领导下的交互数字化功能，形成完美的组合，实现产业数字化。产业数字化加数字产业化就是新基建之上的产业互联网逻辑。